一部視覺的歷史
A Visual History

加科‧布德 / 著　　李揚 王珏純 劉爽 / 譯

目　　錄

前　言

　　人類與動物在這個星球上已共存了多少萬年了。在這漫長的歲月中，曾經是赤身裸體、工具簡陋的人一直在獨自面對著同一個世界的其他居住者。

　　要講述這段人與野獸共存的歷史，殊非易事，因此儘管作者認真爬梳史實，羅列歸類，仍難免有一些疏漏。雖然本書並不完美，但是有一點足以把它推薦給世界上每一位動物愛好者，即這是一部充滿愛心之作。它試圖用語言和圖畫來講述人與動物之間親密和互相依賴的關係，這種關係就像一條扯不斷的紐帶，在漫長的歲月中一直聯繫著人與動物，而且在以後的日子裡，只要人還有一點和動物一樣的靈氣，這種關係就會永存不滅。

　　同時，也是出於愛心，本書如實地展現了人與動物基本關係的另一面，即彼此之間根深蒂固的衝突。人類既把動物當偶像，崇拜牠們的力量；又利用其弱點役使牠們，書中反映的正是這種愛懼交加、善惡並存所構成的人獸之間難分難解的複雜關係。

　　這不是一本記錄悲歡離合的故事小說，也不是一本動物生理學的專著，它直截了當地講述人與動物如何互相適應以達共存、人對動物的那種在敵對與友善之間徘徊的態度如何隨著歲月的推移而改變的歷史。

　　為本書選擇圖片頗費周折，因為可選擇的簡直是太多了。

在遠古的時候，亦即這本書開頭的時候，人類還沒出現呢，可是整個動物王國卻已井然有序了。

也許這篇前言應該寫得更長一些，也許讀者想知道更多關於我們的祖先面對那些早已消逝的史前龐然大物時的恐懼，還有他們如何防禦和抵抗這些猛獸。可是，關於這段歷史我們能確切知道的太少了。憑我們能得到的最好的史料來看，即那些他們留在洞穴裡的壁畫，我們的祖先極其重視周圍的那些動物。他們沒有畫自己的朋友、孩子或者女伴，而是把野獸作為主角。只有在經歷了很長一段時期之後，獵手及其武器才和他們的狩獵對象一起清楚地出現在畫裡。

那麼這些遠古的人類，他們的夢想是什麼呢？一旦基本的要求被滿足之後，他們想要的無非是能像魚一樣游，像鳥一樣飛，或者像鹿一樣地跑。

隨著早期人類文明的發展，動物的重要性並沒有減少。相反，一旦人類對自己的基本物質需求有把握滿足，他們就有更多的自由去追求精神上的東西了。這時候動物充當了寄託精神的對象，變成崇拜的偶像，開始時只是迷信的恐懼神像，後來發展為欣賞和愛戴之象徵。

從這段時期開始，本書的範圍就進一步擴大了。在世界的每一個角落，人類開始擺脫對動物原始的恐懼感，並用較理性的眼光來了解動物；但是同時，人們對動物的興趣又總是限制在尋求最佳方式以求利用牠們。

這並不是說動物不再被當成神祕和奇蹟的來源了。當一些遊客從遙遠的地方帶回奇異的動物，有關這些外來之物及其神祕力量的傳說就層出不窮了，動物於是變成寓言故事裡的主角。隨著時間的推移，牠們又逐漸成為娛樂的對象了。

再進一步發展，動物便進入藝術、文學和科學的領域：牠們成為人類「共同的使用者」，為各種研究和實驗充當受害者、奴隸和對象。只有到最近一段時期，人與動物的關係才有所改善，人類開始把牠們看做朋友，加以照料、保護和珍愛。

本書把人類與動物的歷史分為以上幾個方面講述難免失之粗略，僅能大概地引導讀者翻看這段所謂有智能的人類在不同的時期，如何與其較弱智的動物兄弟相處的歷史。

但是，在傳說與事實、迷信與現實、想像與科學的探索之間，我們並不滿足於浮光掠影的介紹，而是在收集的大量資料中，試圖為讀者選擇最能說明問題的史實。這不僅僅是一本教育性的圖書，它還包含著一種信息，向我們敲響警鐘，讓我們的後代懂得他們有義務保護這個經歷了多少萬年而生存下來的世界的完整：讓我們記住生命的一個基本事實，那就是人類不能沒有動物，而動物卻完全可以不需要人類。

序言

耶和華神用土所造成的野地各樣走獸，和空中各樣飛鳥，
都帶到那人面前看他叫什麼。那人怎樣叫各樣的活物，那就是
牠的名字。那人便給一切牲畜和空中飛鳥、野地走獸都起了
名。

——《創世紀》第2章

在《聖經》的開始有一個愉悅的場景，即亞當視察所有的
動物並一一予以命名（圖1），但《聖經》的最後卻令人類心神
不定：「有一條大紅龍，七頭十角，七頭上戴著七個冠冕。牠
的尾巴拖拉著天上星辰的1/3，摔在地上。」（圖2）

人類主宰地球雖已有多少萬年之久，可是對這些先於人類
而居住在此星球上的奇異生物的記憶卻從未泯滅，在聖約翰的
《啓示錄》裡就有擔心牠們回來的恐懼。為什麼這些史前爬行動
物時常在神話傳說中復活呢？梁龍、禽龍、恐龍，無論是溫順
的食草類或是凶惡的食肉類，都早已在人類之前消失，牠們的
骨架化石已成為博物館的珍藏。也許，這些在發展階段上遠低
於我們的動物從未完全消失，牠們仍然存活著，見證著進化的
歷程。直到二十世紀，科學家才發現侏儸紀時代的活「龍」（圖
3）。直到一九五三年，他們才能對活捉的空脊魚進行研究，而
這類動物已存在三億年了。通過類似研究，科學家才能追溯到
神秘生命的源頭。

生物學和史前化石學不會遽下結論，但這些研究足以顯
示，人類應該以非常謙虛的態度認清自己在漫長進化史中後來

7

圖 1
亞當給動物
命名。（手
稿插圖）

圖 2
約翰的
《示錄》

圖3　巨蜥，侏儸紀時代的殘存者。1912 年在科摩多島發現。

者的位置。不僅如此，人類也不是擁有智慧和發明本領的唯一族類。在加拉帕戈斯群島發現的「達爾文鳥」，會用嘴裡的刺挖食；海狸用自己的「雙手」修築了堅實而高效的水壩；響尾蛇在眼睛和鼻孔中間有一個器官，能測出其他動物體溫發出的紅外線，其敏感度達到千分之一。而群居的昆蟲又如何呢？他們除了說話，別的什麼都能做到。科學研究顯示，一旦某種動物獲得語言的能力，將會永遠擁有。鸚鵡雖然的確擁有某種語言的天賦，自己卻不知所云，但某些類人猿離會說話也就一步之遙。牠們缺少什麼呢？有人認為是缺少幾千條特別的神經而未長成「正常的大腦」，有人認為缺少的是直覺因素。

　　無論如何，人類與動物的區別看似細小，卻至關重要。但是，兩者有著許多共同之處，有著漫長的相處的歷史。時至今日，在保持生態平衡上功不可沒的動物兄弟，卻日益面臨滅頂之災，我們不禁大夢方醒：回首萬年，來探尋那時人類與動物王國共存時的情景，已刻不容緩。

　　巨大的腳印穿過高高的草叢，伸向深不可測的灌木地帶，留下巨獸的最後足跡。老鼠般大小的精靈膽怯地歇息在大森林邊緣的樹上，似乎才發現下面就是結實的土地。眼鏡猴（圖4）

用其靈活的手腳從樹上爬下來，學習在地面上生活。

住在樹上的靈長類動物曾經以果子、樹葉、幼芽為食，後來可能也捕捉少數昆蟲。經過幾萬年的過程，牠們慢慢地演變成食肉動物。在此過程中，牠們還逐漸地學會了站立，認識進而統治了周圍的世界。今天我們知道，這隻老實的眼鏡猴是人類最早的祖先之一，儘管在馬來群島和南非邊遠角落還能找得到和牠一般模樣的猴子猴孫。在一個由狐猴、猿猴等組成的神秘的猴類王國中，只有牠脫穎而出，最終演變成人類。在這個星球上，八億七千萬年的動物進化史，對這樣的結果來說，也是夠漫長的了。

現代人最直接的祖先可能有數種：一千兩百萬年前的類人猿（圖5），懂得用火種的北京猿人（圖6）等。尼安得特爾人（圖7）出現在兩個冰河時代之間，頭較大，以實行喪葬儀禮著稱，與強壯結實的克羅馬尼翁人（圖8）並稱為現代人類的模型。他們是最早顯示智力的猿人，儘管還有些膽怯驚恐，但注定會成為萬物之靈長。

圖4　眼鏡猴（威爾遜畫）

圖5　類人猿

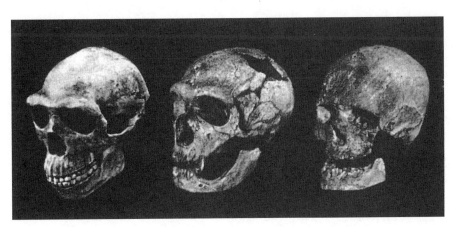

圖6—8　自左至右依次為北京猿人、尼安得特爾人、克羅馬尼翁人。

11

一、 動物為神

　　早期的人類曾與地質時代最後倖存的巨獸共同生活在一起，在不斷的難分難解的爭鬥中，人類學會了既與動物共存，又有非我族類之別，還懷著一種迷信的敬畏把牠們畫在洞穴裡。很明顯，五六千年前居住在印度河、尼羅河流域的人曾把野山羊、獅子和野牛奉為神明。人對動物這種自相矛盾的態度在埃及人中表現得尤其突出，對他們來說動物既是圖騰和神，又是精耕細作中不可缺少的家畜。《聖經》中也有許多例子表明中東人對動物既喜歡又排斥的複雜感情，比如夏娃的蛇、諾亞的方舟、以撒的犧牲等。相對其他的動物來說，驢和狗被當做偶像的時候更多些，不過在希臘米諾斯神和古波斯太陽神的故事中公牛是最神聖的，因為牠的角是人類最大權力的象徵。在希臘神話中，當大力神赫爾克里斯將人類從巨獸的恐懼中解救出來並為文明鋪平了道路之後，曾有過一段和平的時期。人和動物的關係中仍有奇妙的因素，但是人類真正的懼怕和殘忍的情感已開始變成傳說。希臘人崇尚馬，並把海豚當做朋友。

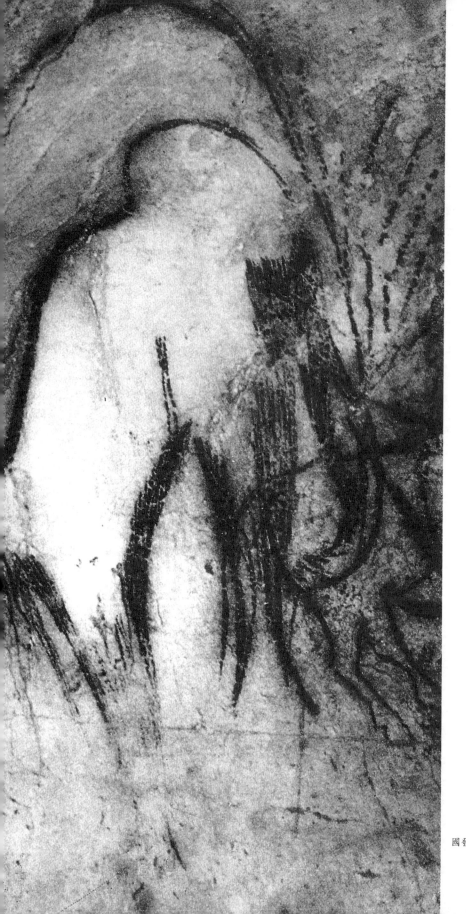

圖 11　在法
國發現的洞穴畫

隨著冰川融化，太陽溫暖了冰冷的地球，巨獸們企圖躲避這難耐的炎熱。猛獁們（圖9）笨拙地向北遷移尋求較低的氣溫，但是整個種類迅速地消亡，掉進極地冰雪化成的沼澤，為其龐大的身軀所累而遭受滅頂之災。猛獁又長又彎的牙重達兩百多磅，比現代象牙貴重得多，且在近年來興旺的化石象牙貿易中價格看漲。

猛獁給原始人留下的可怕印象促成了他們的首批洞穴畫（圖10）。

史前獵人的最佳戰績便是一隻龐大的猛獁（圖11），牠有兩層濃密的灰紅色皮毛，高達十五英尺，重達一噸半以上。實際上在一座墳墓裡曾經發現過一隻猛獁的巨腳，置於墳裡以供死者食用。在西伯利亞已有大量的猛獁骨架及其整個冰凍的軀體顯露在外。人們在一隻一九一一年挖出的猛獁的胃裡找到未消化的沼澤植物、野百里香、罌粟等物，這些東西已存放了幾千年了。血液分析顯示猛獁和印度象有血緣關係。

人們藏身於通往河流和沼澤的小道旁，等待著去飲水的動物，時刻準備一躍而起（圖13）。他們只懂得狩獵。最初，同動物間的爭鬥一樣，狩獵意味著赤手空拳的搏鬥，獵人們往往是傷痕累累。

先民們將他們嚴酷的生活故事刻畫在洞穴石壁上：他們追蹤遷移的獸群（圖12），穿越森林、平原和沼澤，刻畫栩栩如生的鹿（圖14）、野牛、羚羊、大型貓科動物（圖15）等。這些壁畫是巫術、原始宗教、藝術甚至科學的混合體。原始人可能相信：臨摹動物，即可對牠施加法術。除此之外，史前洞穴的石壁可謂是第一部狩獵和動物學的百科全書。野牛的四蹄、鹿的心腸、魚叉標槍的投擲場景，均歷歷在目。為了獵殺動物，人類借用了動物自己的武器：向貓類學習製作利爪，使用犀牛和馴鹿的尖角。在動物王國裡，人類裸身空拳，難以自護，行動緩慢，軀體單薄。千百年來，他們都要想方設法與凶獸的利齒、毒蛇的纏捲、野牛的蠻力搏鬥。最後，人類製造了第一件工具：武器。粗劣的陷阱和削製的石器最終被魚叉、標槍（圖16）和投石器所替代。人類吸食動物骨髓後，用碎裂的骨頭製成切削的器具；將野生動物的利齒固定在木棒的一端。隨著寒冬的來臨，狩獵有了新的目的：獲取裹身之物。他們尋找有厚毛堅皮的動物，如猛獁、野牛（圖17）、犀牛、水牛、野豬等。在大規模的獵殺之後，一些物種數目減少或完全滅絕，如大草原野牛。令人驚奇的是，人類與動物間的關愛之情，竟在這一獵殺攻守的時期初現

圖9　猛獁模型

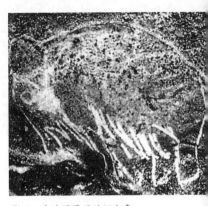

圖10　在法國發現的洞穴畫

圖 12　奔跑的鹿群
圖 13　逐獵圖
圖 14　原始人的鹿頭畫

端倪。是被捕獵的鳥獸邁出了第一步，因為牠們在人類中發現了盟友。先是豺和豬走近來分享人類吃剩的食物，後來狗也加入了，牠把人類當成了自己的主人，而彼時人類對成為動物的主宰尚渾然不覺。

人類首次大規模獵殺的對象並非是野牛。克羅馬尼翁人喜歡獵馬，在其居處發現的一百七十餘種動物骨頭中，大部分是馬骨。

後來，馴鹿取代了馬，因為鹿肉味道鮮美，而且比起其他動物來，牠為原始人提供了更多的所需之物：皮毛、帳篷、筋腱製成的繩帶、骨針等。鹿角可製標槍、魚叉、斧子、飾品。此時人類是否就不再同類相食、智力之光初現？畢竟同類相食是少見的。

人類開始意識到人與獸間的平等，意識到不能離開動物而生存。他們逐漸視之為圖騰，後來更奉之為形狀怪異的神。

斗轉星移，在臨水而建、便於狩獵的木棚和獸皮帳篷裡，人類開始冷得發抖。冰雪從北方逼近，人類只好退居山崖。在這裡，他們必須與陌生的野獸進行艱苦的搏鬥，以保有洞穴中的新家（圖18）。

隨著洞穴地面的硬化，人和熊在洞中搏鬥的足跡被保留了下來。洞壁上的壁畫講述著這場驚心動魄搏鬥的故事。這些劃痕和圓圈（圖19）是人類用原始武器殺熊的圖示，牠們即使被煙燻出來，也不願意放棄自己的穴居。

在這一時期，人類在製造武器和工具上取得了真正的進步。在無獵可狩的漫長冬季，人類有時間思索其他的事情。除了燧石，他們開始利用手邊的材料：吃剩的東西。他們將骨頭和象牙

圖 15　巨貓（或許是獅子）（法國）
圖 16　雕成奔馬狀的標槍（法國）

圖 17　野牛群（法國）

刻削成形。挖空的鹿角被用於盛放顏料，描繪周圍的動物世界。洞壁上描畫的第一個對象，是洞穴先前的主人——熊（圖20、21）；然後是狐狸、獅子和鬣狗。他們也描繪夏季遠征時的戰利品：鹿或羚羊（圖22）、山羊、巨角塔爾羊、公牛和馬等。

　　這些世界上的首批藝術家不是將其作品只當成裝飾。大多數有壁畫的洞穴似乎都是行巫術之地，通常遠離居住的洞穴，

這從洞中沒有骨頭或其他食物的痕跡就可看出。許多這類描繪與人類同時誕生的動物的大型壁畫，深藏於地下一千五百英尺的洞穴中，幾乎無法接近，火炬也難以穿透其黑暗。原始人作畫的動力，大概是為了證實他對所描繪對象的實際生命擁有某種神力。

熊崇拜可能是冰河期末期的特徵。在第四紀後期的許多洞穴中，熊的頭骨被整齊地放成一排。在庇里牛斯山脈的蒙特斯潘洞穴中，有一個五尺三寸長的泥雕無頭熊像，可能在當初的紀念儀式上，雕像上安放了一個剛獵殺的熊頭。

隨著時光的流逝，我們越來越熟悉這類壁畫中的動物形象。壁畫似乎說明，畫中的動物如果不是馴養的話，至少也是在人類周圍生活的、有用的動物。一旦人類發明了柵欄、繩結，他便可以關養幼畜。千百年來，人類只知狩獵，只有狗相伴左右，現在這些畜養的年幼的牛（圖23）、馬、羊自然啟發人類為己所用。人類逐漸厭倦逐獸而居的遊牧生活，開始定居下來，飼養家畜。

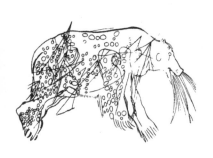

圖19　一頭熊的畫像

圖20　熊的頭部

圖18　巨大洞熊的足印

圖 22　鹿或羚羊（西班牙）

.圖 21　巨大洞熊的足印

圖23　黑牛（畫於法國西
南部拉斯考克斯山洞）

19

圖 24　畫在陶器上的巨
角塔爾羊（西元前 3500 年）

人類開始形成組織。他們在湖邊建立村莊，在有烈日的地方發明了磚，開始學會了與野獸大為不同的生活方式。令人稱奇的是，人類這時意識到了自己的脆弱。作為某種神秘的補償形式，他們開始將某種新的、超自然的力量，賦予那些被自己制伏的動物。

因此，動物不再低人一等，而是與人類平起平坐。正是由於人類崇慕動物的力量、速度、動物才逐漸演變為神。自那時起，人類已開始認識自身，有了自己的語言，但無法與其他動物溝通，這給人類帶來了難言的不安感。人類深信動物必有過人的智慧，想用食其肉的辦法獲取某些智慧，但同時又深感憂慮，因為這樣一來就無法和牠們做朋友了。

然而，第一位動物神並不是人類獵取的外形威猛、力量出眾的動物，而是所知甚少的、部落裡半家養的動物。家養與神化幾乎是同時的。原始眾神殿裡的第一位神祇和英雄是長有長角的羚羊、巨角塔爾羊（圖 24）和山羊。西元前 6000 年，當人類與野獸進行殊死搏鬥時（圖 25），在底格里斯河和幼發拉底河之間的土地上，在蘇美爾，在古波斯，在尼羅河、印度河的兩岸——那裡的村鎮開始在神廟附近出現，動物已既是人類的奴僕，又是人類的神明。奴隸們被用於保護家畜不受野獸侵害，放牧畜群。同公羊一樣，野牛（圖 26）、藏牛（圖 27）差不多在同一時期被馴養，具有神、奴的雙重身份。作為神，牠們是豐饒旺盛的象徵，同時代表著太陽、水和火。

這隻聽狗吹笛的甲蟲（圖 28）說明，同蛇和其他許多動物一樣，甲蟲也是那時家養的動物，人們相信牠們可以抵禦某些疾病。

圖 25　一個人在觀看獅
子與鹿的搏鬥。（閃族器皿）

20

圖 26　在裏海西南部地區山谷中發現的野牛形陶製酒杯（西元前八至九世紀）

圖 27　藏牛（西元前 2500 年，印度）

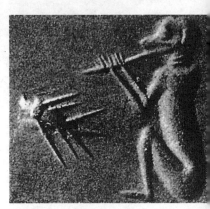

圖 28　圓形花瓶上聽狗吹笛的甲蟲（西元前 700 年）

　　六十個世紀以前，人類只是盡可能地馴養動物，而不考慮何種動物最為有用。那時與人類為伴的許多動物，今天又已變成野生的獸類。

　　人類為動物修建了廟宇，裡面的動物往往是通天地之神。如殺死獅子的吉爾伽美士，是蘇美爾的公牛神（圖 29），牠披著的長而蜷曲的毛髮，是力量的象徵。

　　從蘇美爾和印度河流域的新石器時代到文明繁盛時期，神話儀禮逐漸演進，動物神有了自己的祭司和信徒。

　　洪水過後，在沼澤地裡留下了豐沃的淤泥。尼羅河有幾個月回歸自己的河床，使人們有時間播種收割。為了感謝河流帶來的豐收，人們奉之為神。河岸邊受惠於風調雨順的動物，也逐漸成為了神。在法老逐漸出現的漫長世紀裡，人類與動物的關係事無巨細，越來越難分難解。魚和鱷魚——按照古羅馬政治家普林尼的說法，古埃及人已精於騎馭——等水中生物引導人們走下海洋。尼羅河船民開始與地中海的深海水手來往，不久他們就熟悉了大鯨魚（圖 30）。

　　名為哈普或阿匹斯的公牛神在這一地區廣為傳播（圖 31），並被一統上下埃及的昔尼底王朝的首位統治者那莫邁尼斯奉為神明象徵。

　　同一時期為數眾多的獅神（圖 32），在誕生了斯芬克斯神之後，逐漸在埃及消失。獅子通常馴順地隨國王出征。古埃及

圖 29　殺死獅子的吉爾伽美士

21

圖30　石刻鯨魚。顯示了西元前四
世紀的埃及人對海洋生物的了解。

雷米西斯王往往被描繪為與獅子們在一起，它們是滋養眾生的
尼羅河的象徵。此外，傳說獅子可以夜視，是夜以繼日的守護
者。人類同時馴養了貓科動物用於追逐獵物，主要馴養了猞猁
和獵豹。埃及人常把獵豹描繪成半豹半狗、有著長長的野兔般
爪子的模樣（圖33），而阿拉伯人和希臘人則用獵豹當坐騎。
從很早的時候起，野兔或小狐（圖34）、胡狼就成為埃及人生
活世界的組成部分，埃及人樂於描畫牠們，當然並不是所有的
動物都被供奉為神。法老時期的埃及眾神殿中從來沒有大象、
長頸鹿的位置。

　　在埃及大地上空，無數雙多姿多彩的翅膀在翱翔。尼羅河
沼澤地過去和現在都是鳥兒們真正的天堂。牠們飛翔在天地之
間，代表著神祇和世俗複雜的混合體。在某些廟宇裡，除了貓
頭鷹、鴕鳥、紅鸛、鵪鶉、鵜鶘等之外，幾乎其他所有的鳥類
都享受到了神祇的榮耀。

　　最著名的是聖鳥涉禽（圖35），牠白身，黑頭黑尾，常於

圖32　被俘的獅子（西元前4000
年，藏於羅浮宮）

圖31　人獸之戰（西元前4000
年，藏於羅浮宮）

圖33　獵豹（西元前4000年，藏
於羅浮宮）

圖34　野兔或大耳小狐（西元前
4000年，藏於羅浮宮）

圖35　飛翔的聖鳥涉禽。如今在尼羅
河盆地已難覓其蹤。照片攝自中非。

河邊和數以千計的其他類的涉禽一起飛翔，是透特神的化身。
埃及人在紙莎草紙上畫圖以及裝飾其廟宇和墳墓（圖36），很
自然其靈感都來自周圍的鳥禽類，無數的鳥類圖畫顯示了埃及
人對其認為在眾神的世界裡舉足輕重的禽獸的宗教熱誠，從這
些家庭和市場等生活場景中的鵝、鴨和鴿子等，也能看到牠們
為人類所用的細節。

　　法老時代的農民很早就發現和掌握了農業和畜牧業的奧
秘，並且懂得把家禽作為餐桌上的美味來享受。

　　鴿子除了是美食，大約在西元前一世紀初牠還獲得另一個
好名聲，那時返航的埃及戰船在歷史上第一次放飛鴿子以示歸
來。這時，祭司們在野鵝頸部綁上條子，向四方放出用以占
卜，已是司空見慣之事。在埃及七百個主要的象形文字中，發
現了二十多種鳥類的名稱。

　　狗在沼澤地蘆葦叢裡奔跑，尋找紛紛落下的鳥兒，水花四
濺。在埃及，鷹是鳥中之王，因為牠是許多神，特別是何路斯
神的化身，牠眼睛下的黑點，象徵著豐饒。人們相信，死後的
靈魂並未完全拋棄軀體，只是暫時附到鳥身上（圖37），只要
軀體不腐爛，它還會回來。這種信仰，使埃及人用香料、藥物
保存動物和人體的技藝，達到了極高的水平。

　　在十九世紀，鳥的木乃伊被盜墓者整船運到英國，準備用
於製藥。只剩下鳥身女妖守護石棺（圖38），牠們的翅膀使人

圖36　野鵝(西
元前三世紀)

圖37　鳥形亡靈（藏於開羅博物館）

聯想起亞述的鷹隼。

　　埃及人從灰頭紅身的鷺創造出不死鳥，以自焚為灰而再生
聞名。牠間隔很長時間才出現一次，如果出現，則是某一重大
事件發生的前兆。

　　法老出征時，常有專職官員伴隨，其任務是研究禿鷲和烏
鴉的飛行，以斷凶吉。牠們常在大戰前的營地周圍聚集，等待
啄食戰死者的屍體。

　　埃及最著名的狗神是阿努比斯（圖39），對其崇拜主要集
中於埃及人所稱的「狗城」──塞諾波利斯。這隻碩大的黑色
四足動物，有時被誤認為是胡狼，其實是無數的野狗之一，牠
們在埃及大地漫遊，給人們帶來恐慌。所有的狗，無論是什麼
品種，都被人們虔誠地製成木乃伊埋葬，一來是因為這種早期
的崇拜，二來是因為狗已成了家人的朋友，牠們守護人類，不
讓沙漠中的豺狗逼近。

　　在古埃及，狗的種類甚多。狗幫助人們狩獵，守護羊群，

圖38　阿梅諾菲斯二世的石棺（埃及）

25

圖40 貓木乃伊（西元前1000年）

圖39 阿努比斯神，其黑色是再生的象徵。

圖41 將貓木乃伊的包裹材料逐層剝去。

但更主要用於戰爭或逐獵中保護馬匹，作用和獵豹差不多。

在很久之後——大約在西元前2000年——貓才成為家養動物的一員，但牠們並不是沙漠中強壯的野貓。埃及人仿其叫聲稱其為「喵」，在成為今天的家庭寵物之前，牠們承擔了許多職責，後來演變成神，成為女神巴絲塔特的化身。貓捕食老鼠，人們甚至把貓油塗抹在家具上以驅趕老鼠。受過訓練的貓在尼羅河沼澤地追逐獵物，與蛇搏鬥。貓有時甚至成了埃及軍隊敗於波斯人之手的罪魁禍首——波斯王坎拜斯在戰鬥中陷於

圖 42　女神銅頭像

圖43

困境，便命令戰士將貓帶到前線。為了不傷害神聖的動物，埃及軍隊只好撤退了。

在埃及，殺死一隻貓就是死罪。在布巴斯提斯，祭司和崇拜者們聚集在一起，模仿貓神的叫聲，舉行熱鬧的貓節。布巴斯提斯的崇拜源於西元前數千年的第十二王朝，貓開始取代狗、鷹和牛而成為主神（圖42）。貓神崇拜迅速傳播，為了使法老的貓永存不朽，人們製作了大量的貓木乃伊（圖40、41）。

動物在短暫的一生中，或是人類的助手和伴侶，或是人類逐殺的獵物，或是人類恐懼的野獸。牠們使人類想到死亡和死後神秘的生活。埃及的宗教與日常生活交織糾纏為一體，大部分神都與亡靈的黃泉之旅有關（圖43）。動物崇拜也因時因地而變化不一，此城中備受敬重的動物，在彼城中則可能被嗤之以鼻，希臘人對此頗不以為然。希臘歷史學家希羅多德不能理解埃及人不顧自己燃燒的房屋，奮不顧身去救貓的行為。家畜從未被用作祭品，被獻上祭壇的常常是河馬、獅子等野生動物。儘管牛是神物，但人們還是用牛皮做挽具，飲用牛奶，但從不食用牛肉。

在龐大的動物眾神殿中，甚至鱷魚、狼和青蛙也占據了一席之地。其中公羊充當了一個特殊的角色。作為曼得斯神，最初它的名字叫巴，後來羊頭又成為太陽神阿蒙的頭顱，成為阿蒙的形象之一，它是埃及的最高神之一，因為太陽是萬物之源的象徵。羊頭神用羊角舉著一個瓶子，神水從中流出，變成了尼羅河。這位克赫努姆神（圖44）有時被當做是尼羅河之源的守護者，有時被認為是製作生命之蛋的陶神。

圖44　克赫努姆神。上埃及廟宇中的淺浮雕。

圖45　透特和太陽神（西元前1000年）

29

圖47　蛇王與何露斯神（西元前4000年，藏於羅浮宮）

圖46　在生命之樹旁，赫利奧波利斯古城的貓正在殺死毒蛇。

圖48　北非弄蛇人

在埃及，猴子也是動物神的一種，與眾不同的是，牠們不是本國的土產，而是早在昔尼底王朝之前從埃塞俄比亞進口的，後來漸為人們熟悉，以至在底比斯城，牠們已成了婦人們椅下玩耍的寵物。

狒狒和犬面狒狒亦相隨而至，甚至成為太陽的代表，因為牠們習慣於在拂曉時狂吠。通常外形是涉禽的透特女神，偶爾也會以狒狒的形象出現。當太陽神的眼睛變成貓跑走時，正是狒狒外形的透特試圖將它追回來（圖45）。

蛇無處不在，或隱或現，身軀不大，威脅不小，是最為神秘和令人恐懼的動物。對蛇的崇拜從極早的遠古就開始了，人

類對蛇似乎一直有某種迷信般的敬畏。在埃及人那裡，蛇亦有好（圖47）壞（圖46）之分。據希臘作家埃里恩報導，如同今天的北非弄蛇人（圖48）招人圍觀的表演一樣，埃及人可以用響指召喚指揮屋子周圍的毒蛇。猶太人也有同樣的蛇崇拜，但在《聖經》裡，蛇失去了善的一面。在《創世紀》中，牠引誘亞當和夏娃偷食知識之樹的果子（圖49），得以區分善惡。「耶和華神對蛇說：『你既做了這事，就必受咒詛，比一切的牲畜野獸更甚；你必用肚子行走，終身吃土。』」

當希伯來人從埃及穿越沙漠時，他們抱怨耶穌和摩西，耶穌便派千百條毒蛇來咬殺他們。摩西憐憫他們，便按照耶穌的指示舉起一條銅蛇（圖50），被蛇咬傷者只要看著牠，便會痊癒。由於動物崇拜的傳統如此之強，上帝的子民們很快就成了偶像崇拜者，開始崇拜法力無邊的銅蛇。朱達國的國王埃扎克爾便將銅蛇弄斷（圖51），這才恢復了一神崇拜。

耶和華對人類不滿，決定除滅他所創造的人類和動物，只有諾亞和他的家人除外，另外地球上每樣動物，均選一公一母，保全生命。按照神的指示，諾亞用歌斐木建造了方舟，將留

圖50　摩西舉起銅蛇。

圖51　國王埃扎克爾弄斷銅蛇。
（十七世紀雕刻）

圖49　亞當、夏娃和蛇

圖 52—55　諾亞將留種的飛鳥、昆蟲、牲畜帶進方舟。

圖 56　洪水泛濫。　　　　　　　　　　　　　圖 57　諾亞和他的方舟浮起。

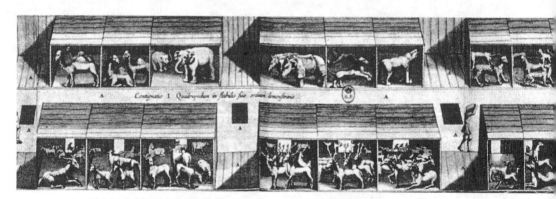

圖 61　方舟上各安其所的動物

種的飛鳥、昆蟲、牲畜帶進方舟（圖52、53、54、55）。隨即
天堂的洪水之門被打開，地面上洪水泛濫，生靈均被淹死（圖
56）。大水持續了四十個晝夜，水往上漲，方舟從地上浮起（圖
57），周圍漂過人和動物的屍體（圖58）。當水勢漸落時，諾亞
放出一隻烏鴉查探險情，但烏鴉一去不返，因為牠發現了大量的腐

圖58　洪水中人和動物的屍體

圖59　烏鴉啄食腐肉。

圖60　諾亞放出鴿子。

圖62　等待鴿子

圖63　走出方舟

肉可供自己啄食（圖59）。諾亞又放出一隻鴿子（圖60），這時
在三層方舟上所有的生物都各安其所，和平共處（圖61）。最後鴿
子回來了（圖62），嘴裡叼著橄欖枝。於是諾亞和「一切走獸、昆
蟲、飛鳥，和地上所有的動物，各從其類」，都出了方舟（圖63）。
　　一縷細煙升上天空，人類為感謝上帝，首次進行燔祭。亞

圖64　亞伯的獻祭

圖65　亞伯拉罕正要
手刃以撒。（鑲嵌畫局部，
西西里）

當和夏娃的次子亞伯獻上了頭胎羊羔（圖64）。蛇的誘惑曾導致人類被逐出伊甸園，羊羔現在則成了人神間調解的中介，逾越節羊羔獻祭即源於此。有史以來的每種宗教，祭壇上都曾流淌過人類和動物的鮮血，而且起初更常用的祭品是人類。《聖經》譴責人類向假神獻祭的行為，但從未責備向真神獻祭，甚至有時要求人們這樣做，這時的犧牲品往往是戰敗者或孩童。為了平息上天憤怒的風暴，《聖經》中希伯來的預言者約拿被獻上祭壇。《聖經》中的一位士師耶弗他向神發誓：在他打敗

圖66　東非的蝗災

圖67　無孔不入的蒼蠅

圖68　遍布埃及大地的青蛙

亞捫人班師回朝時，將殺掉第一個前來迎接的人祭神。結果他履行了誓言，殺死了自己唯一的女兒。

　　猶太族的始祖亞伯拉罕的祭品（圖65）似乎標幟著《聖經》中以人為祭的終結。這位老族長正要手刃自己的兒子以撒時，上帝阻止了他，用一隻公羊取而代之。率領希伯來人出埃及的領袖摩西制定的動物祭禮的嚴格條律，目的就是阻止再用年輕男女獻祭。並非所有的動物都可成為祭品，只有公牛、公羊、羊羔和鴿子享此特權。把猶太子民的替罪羊放逐到沙漠裡去，表面看來是一種不流血的獻祭方式，實際上牠很快就會被野獸血淋淋地吞食掉。

　　正因為有充當犧牲的功能，希伯來人對動物有一種情感上的尊重。在耶路撒冷的廟宇裡，動物的鮮血每天都在流淌，但人們總是催促祭祀一刀畢命，別給動物帶來不必要的痛苦。人

圖 69　祭祀牛頭神。

圖 70　人們向金牛祈禱。

圖 71　牛崇拜

們不給在田裡幹活的牛戴口套，這樣讓牠也能享受豐收的果實。

　　除了用做人類獻給上帝的供奉外，有時希伯來人亦視動物為懲罰上帝子民敵人的工具。當埃及的法老拒絕自己的廉價勞動力——以色列人離開埃及時，上帝播下十種瘟疫，一種比一種厲害。飛蝗像烏雲一般（圖66）橫掃豐收的田地，留下哀鴻遍野。密密麻麻成群結隊的蒼蠅和蚊子（圖67）無孔不入，使所有的食物都不能再食用。成千上萬隻青蛙爬到路上、田裡、屋內（圖68）。接踵而至的虱子讓許多人染病身亡。一種神秘的疾病已經讓各家的長子和頭生的動物倒地不起。法老不得不讓步，以色列人得以離開埃及，向上帝許給他們的肥沃土地進發。

　　祭祀們尖叫著唱歌跳舞，用刀自殘肢體，將兒童扔進牛頭

神身下的銅火爐中。這位牛頭神就是莫洛克（圖69）或巴爾，它還有許多其他的名字。在地中海地區，它是所有神中享受祭品、導致人命死亡最多的神。它是宇宙雄性力量和多產之神。

希伯來公牛神中最古老的是「雅各的公牛」。在與亞述人、巴比倫人、赫梯人、迦南人和埃及人的交往過程中，對它的崇拜也在擴大和變化。《聖經》中摩西之兄，猶太教第一祭祀長亞倫鑄造金牛（圖70）的行為──後來傳說是一隻牛犢（圖71），因為原材料太貴重，鑄像只能小巧──實際是根植於民間傳統的延續。摩西可以殺死二萬四千名牛像崇拜者，先知可以怒罵詛咒，但希伯來人仍然把他們的孩子稱為巴爾，而且在很長一段時間裡，他們仍將自己的頭生子奉獻給公牛神。所羅門為了取悅自己的異國妻子，在山頂上修建了莫洛克神廟，裡面陳列著無數用銅、橄欖木製成的公牛像，其中很多是人首牛像並有雙翅。與多種公牛崇拜，如巴爾或莫洛克崇拜──其在巴比倫的神廟被譽為世界奇蹟之一──相對立，先知們逐漸接受了摩西的神。希伯來的士師和先知撒母耳設法阻止了猶太人對巴爾的信奉和以其名義舉行的狂歡祭禮。失敗者逐漸變成了勝利者，永恆的英雄取代了公牛神。他們的英雄業績與希臘、羅馬神話中的大力神赫克里爾斯有相似之處，也許有直接的聯繫，但已上升到更高的象徵性的層次，其精神價值賦予動物以全新的角色。

圖72　參孫將三百隻狐狸成對繫在一起。

圖73　獅坑中的但以理
（淺浮雕，法國）

圖74　約拿和鯨魚（土耳其）

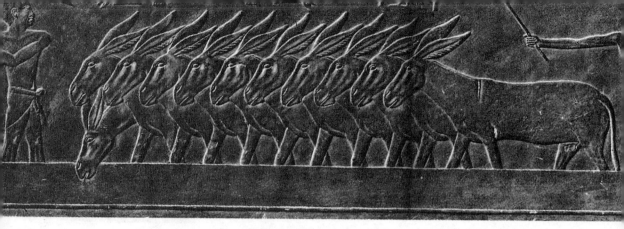

圖75 趕驢飲水。（埃及古墓淺浮雕）

圖76 揮舞驢頸骨的參孫

圖77 巴蘭騎驢。

為了報腓力斯人的偷妻之仇，參孫將三百隻狐狸（也許是胡狼，圖72）成對繫在一起，在尾巴上綁上燃燒的火把，然後把牠們驅趕到敵人的莊稼地裡。

《聖經》中極忠於神的希伯來先知但以理，因被控毒死巴爾的聖蛇，而被囚於巴比倫的獅坑中。這座半浮雕（圖73）描繪他伸手作祈禱狀。先知哈巴谷在一旁安慰他，天使給他送來麵包，獅子與他相安無事。但以理告訴大利烏王：「我的神差遣使者，封住獅子的口，叫獅子不傷我，因我在神面前無辜。」大利烏王傳令將但以理拉出獅坑，把那些控告他的人扔了進去。

當約拿不服從神的指令，從巴勒斯坦逃出來時，他的船被大風暴所襲擊。水手們抽籤決定贖罪者，約拿被扔進了大海。千鈞一髮之際，一條鯨魚吞食了他（圖74）。在魚肚裡，約拿懊悔不已。三天後，鯨魚將他吐在敘利亞的海岸上。這裡也許反映了亞述人對魚神奧尼斯的崇拜。猶太人視之為以色列解放的象徵，基督徒則認為這意味著耶穌的復活。

驢的負擔比任何其他動物都重，由於缺少馬的高貴外貌，牠常常挨打、受輕視，終日奔波在路上，隨處可見。但就是這種比其他動物勞累得多的牲畜，卻被視為懶散的象徵。牠有灰藍色的身軀、蒼白的肚子、蹄和鼻子，早在埃及時代就是奴隸了（圖75），那時埃及人擁有的驢達一千頭之多。儘管驢終日勞累，幹最繁重的活，但宗教上還是被當成性惡、不純的淫蕩之物。因此當波斯王阿塔塞克西斯二世被埃及人貶為驢時，他以褻瀆神靈的激烈方式復仇：把公牛神阿比斯吃掉，然後以驢代之。

驢最初來自努比亞，之後從埃及傳入小亞細亞，大約西元前四世紀才被引進希臘、義大利和西班牙。

雖然馬馴服之後奪去了驢的尊嚴，不過《聖經》中還是保留了一點驢從前的威信。《聖經》中提到驢的地方有一百三十處之多，其中第一處是當亞伯拉罕祭祀以撒時，一頭母驢馱來木柴生火。之

圖78　蘇丹的驢、牠們
是努比亞野驢的後代。

後有雅各為了讓以掃平息怒火而送給他二十頭母驢和小驢。
《聖經》中的驢堪當重任，當參孫打腓力斯人時，他手中的第一
件武器就是驢的顎骨（圖76）。對於這種世上最受虐待、同時
（至少在駱駝出現之前）最能適應沙漠惡劣環境的牲畜，《聖
經》表達了特別的關注。

　　獻祭時，允許用頭胎小羊來替代頭胎小驢。驢每週的工作
日也不能超過六天。如我們不信《聖經》，可以參見羅馬史學
家泰西塔斯的記述：當摩西走出埃及時，他碰到一群驢，牠們
為他指路去尋找水源。這群驢可能是孤獨的埃塞俄比亞人的象
徵，他們受法老的歧視，是沙漠水源的守護者。

　　《聖經》有一頭最著名的驢，牠曾馱著假先知巴蘭（圖
77），去默阿布王處詛咒希伯來人。在途中遇到天使的阻攔，
這頭母驢便拒絕前行。在巴蘭毒打牠時，牠開口說話，責怪主
人的暴戾，勸他順來路折回。在《聖經》注釋家看來，這是基
督在聖湯瑪斯前現身的預兆；在民間傳說中，人們津津樂道的
是牠本能的過人智慧。亦有傳說云：巴蘭的驢是造人之前、在
第六天結束時優先創造的十種動物之一。是驢馱著摩西的妻兒
在沙漠跋涉；按照末世預言，基督騎著驢最後一次凱旋進入耶
路撒冷。傳說驢一旦被基督騎過，在基督死後，便不能留在東
方，牠越過大海，從塞浦路斯到土耳其西南的羅得斯島，經馬
耳他、西西里最終到達義大利的威洛納，在那兒被幾隻老猴所
捕殺。在羅馬、法國包菲等地舉行的祭驢儀式，即源於此。在
整個儀式過程中，一頭驢始終站在祭壇旁邊接受祭拜。

　　各地常見的驢，充當的角色多種多樣。在希臘神話中，麥
得斯王長了一對驢耳朵，因為他不喜歡阿波羅而喜歡潘（希臘
神話中阿耳卡狄亞的森林和叢林之神）的音樂。幸虧得驢之

圖 79　銀驢（六世紀，
藏於伊斯坦布爾博物館）

助，波斯的大流士王才能擊敗北方來的塞西亞人，因為他們第一次聽到奇異的驢叫，便嚇得落荒而逃。羅馬人發現了驢的其他用途。驢的血、汗和尿都可作治病良方。將驢的頭皮放在田地中間，可確保豐收；西方童話中的王子公主們，也通常用驢皮來喬裝打扮。將浸著驢奶的麵包片鋪在臉上，是羅馬時代公認的美容妙方。暴君尼祿的妻子波帕亞甚至有四百頭母驢隨她出行，以金鑲蹄，寶石飾身，提供大量溫暖而新鮮的驢奶供她早晚沐浴之用。古羅馬政治家、詩人米西奈斯覺得驢肉可媲美野兔肉，在羅馬將之作為一道美食推出，發明了至今仍在食用的義大利臘腸。在動物世界中，驢一直忍辱負重（圖78），今天的角色依然是過去的生動寫照（圖79）。

圖 80 — 81　僕人與猛犬

40

獵狗的狂吠和人喊馬嘶混雜在一起，迴盪在灼熱的亞西里亞沙漠上空。被獵逐的獅子筋疲力盡，滑皮短腰的獵狗們已把牠逼得走投無路。阿瑟班尼帕王站在狗群後的戰車上，指揮吆喝著牠們。當國王不打仗時，最喜驅狗逐獵。這些凶神惡煞般的大狗（圖80）跑起來比馬還快，追逐公豬野牛等野獸，不在話下。國王的隨從事先布好捕獸網（圖81），將獅子趕進網內，獵狗隨之撲上去（圖82）。若不必活捉此獅子回宮，國王便親手用利刃或弓箭（圖83）刺入獅子耳後。這種猛犬從西藏高原流入色雷斯，馬可・波羅曾在那兒見過牠們的後代並將之描述為「其大如驢」。在隨國王征獵之前，牠們曾被用於守護牲畜。到了十六世紀，牠們便頻頻出現在戰爭的前線了。波斯國王塞魯士曾免除了四個巴比倫村莊的賦稅，因為這些村子餵養了成千上萬條戰犬。其碩大的體型、出色的耐力、對主人的忠誠、戰鬥中的爆發力，使之成為比人更為厲害的戰士。出戰之前，通常用禁食的方法使之更為凶猛，並穿上鎧甲以抵擋敵人的箭矢。羅馬學者普林尼曾描述在某些民族中，流行用活蛙餵養犬隻，以防止牠們吠叫。部隊之間有時也用狗來做通訊的工具：狗將信息吞下，跑到目的地後人們剖腹取之。但到亞述王朝完結時，米底亞、波斯和所有東方喜歡逐獵的國王們，也為這些犬隻付出了高昂的代價。阿爾巴尼亞國王曾贈送給亞歷山大大帝一隻猛犬。面對野豬和熊，這隻猛犬無動於衷，拒絕撕咬，亞歷山大大帝便殺死了牠。阿爾巴尼亞國王聞之，便又送了同樣的一隻猛犬，並告訴亞歷山大大帝：上次那隻狗不願戰鬥的原因是自感受辱，因為對手太柔弱了。讓牠和獅子、大象對陣，便會有好戰上場。亞歷山大大帝依言行之，猛犬果然一舉咬死了獅子和大象。亞歷山大大帝大喜過望，自此對猛犬寵愛有加，並在牠死後建廟紀念。埃塞俄比亞有一族人，選了一隻獵狗做國王，以其吠聲為號令。至中世紀，一隻叫斯威寧的狗成了挪威的國王，牠擁有自己的宮殿、官員和僕人，在長達三年的時間裡，用牠的爪子簽發詔令。數世紀以來，在東方的山地和沙漠地區，一些奇異的器具被用於發號施令。其單調沉悶的聲音在狗群的上方迴響。這些獵號是用戰死的狗的頭蓋骨製成。

巴比倫人把太陽這一使世界生機盎然的源泉叫做光之牛。儘管希伯來人可能信奉無形的神，赫梯人也把巴比倫國推翻了，阿基門尼得（波斯國王塞魯士建立的王朝名）的獅子也開始襲擊美索不達米亞的神牛（圖84），但是這種奇怪的神牛崇

圖 82　受傷的獅子（淺浮雕）

圖 83　國王騎射。

拜及其禮儀的傳播卻是阻擋不住的，它從一個民族傳到另一個
民族，最終蔓延到整個地中海地區。
　　神牛崇拜最盛之地是克利特島，在那裡有成群的牛奉獻給

圖84　獅子攻擊神牛。（伊朗）

圖85　米諾斯神牛（壁畫）

太陽，牠們那巨大的蹄被普遍認為是地震的原因，而地震則令
該島吃盡苦頭。坐落在克努索斯的米諾斯（希臘神話中克利特
島之王，宙斯和歐羅巴之子）神殿裡（圖85），有大量的壁畫
描繪禮儀，其中便有國王參加豐收舞會的場景，他是一身銀牛
的打扮。

　　在島的中心有一對巨大的石頭牛角拔地而起，俯瞰著整個
島嶼（圖86）。克利特人和第一批發明犁的人一樣，認為牛角
是牛的力量和生機的中心位置，因此有牛角的地方就成了島上
的聖地。傳說在米諾斯宮殿的地下深埋一座迷宮，有無數的房
間和通道，而宮中住著一人身牛頭的怪物，牠半人半牛，為王
后帕西菲和一頭牛所生。米諾斯強迫雅典每年派少年男女各七
名獻給這頭怪獸，直到西修斯把怪物鏟除（圖87），希臘人才
解脫了對克利特迷信般的恐懼。

　　從米諾斯到光與真理之神密斯拉（圖88），有關這位最具
神力的動物神的故事綿綿不絕。對阿基門尼得時代的人和閃族

圖87　西修斯殺死怪獸。
（藏於羅浮宮）

圖86　巨大的石頭牛角

圖88　密斯拉用牛獻祭。

圖89　勞瑟的維納斯（淺浮雕）

人來說，正如後來的希臘羅馬人一樣，密斯拉是光之神、太陽神、月神和星神。它捕獲了一頭公牛，將之扛到一個山洞裡獻祭。這次獻祭使大地生機勃勃，因為公牛的精液給動物們帶來生命。蝎子——黑暗的象徵——試圖用毒刺破壞獻祭，但代表豐饒大地的狗和蛇吸淨了傷口的血。最後，密斯拉又用另一頭公牛獻祭，成為世界的救世主。

　　這一尊在勞瑟（圖89）發現的史前維納斯——是地母而非愛神——身上的角是多產豐饒的象徵。並不是只有克利特人相

信牛角凝聚了力量和生機。歐羅巴（圖90）的傳說云：眾神之王看見她在腓尼基海岸採花，他想得到她，便化身為一頭漂亮、善良的公牛引誘歐羅巴一起玩耍，將花環套在他的脖子和牛角上。他漸漸地將她從朋友處引開，讓她騎在自己背上，然後跨海而去。在所有神話中，最古老的牛角故事與阿刻羅俄斯（圖91）有關。他對做河神和做海妖塞壬的父親心懷不滿，為了向得伊阿尼拉求婚，變為牛形（圖92）與赫爾克里斯爭鬥。但赫爾克里斯折斷了他的一支角，交給神女們，她們將世界上所有的水果裝入其中。還有許多其他傳說講述「豐饒角」（圖93）的起源，其中有一說，這支角是母羊阿莫西亞的，她是宙斯的奶媽。宙斯將它折斷，裝上水果，交給神女們。

圖90　歐羅巴和公牛（西西里）

動物的角（有的用金子打製，圖94）是第一件神聖的容器，用於盛裝祭油或葬禮的奠酒（將金角與死者同葬，後來比用整頭牲畜陪葬更為常見）。第一件可將聲音放大的器具是動物的角，第一種用來製作透明窗戶和燈籠的材料也是動物的角。當義大利武士們將牛角固定在他們的頭盔上時（圖95），他們對其力量、權威的認同，與《聖經》中的觀念並無二致。假先知用鐵製的牛角，說服亞哈（紀元前九世紀時以色列之國王）會大勝敘利亞人。中世紀基督教的肖像研究者，將摩西自西奈下山時頭上的輝光做了錯誤的解釋，以至於形成了摩西頭上有角的錯訛，連米開朗基羅也受了誤導。在摩西之前，底比斯的公羊神朱比特阿蒙，頭上便被優美地刻上了一對角（圖96）。這種巧合使我們浮想聯翩，從中我們也許會看出一種崇拜的發展蹤跡，在這種崇拜中，眾神之神是以公羊的外形出現的。但這種崇拜是如何起源的？力量、豐饒、生殖力的觀念在此緊密交織，希臘人將帶角動物的形象賦予他們的神和英雄：戴奧尼索斯（酒與戲劇之神）、潘、漢密士（圖97，司道路、科學、發明、幸運等之神）等。甚至基督本人也曾以帶角的形象出現（圖

圖91　赫爾克里斯制服阿刻羅俄斯。

圖93　裝著水果的豐饒角

圖92　銅盾上的阿刻羅俄斯

45

圖94 金製羊角形酒器

圖95 義大利東南部坎尼戰場發現的頭盔

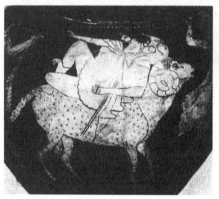

圖97 騎著公牛的漢密士（藏於羅浮宮）

圖98 長著牛角的基督

圖96 朱比特·阿蒙（藏於
那不勒斯博物館）

圖99 吹響公羊角，宣示猶
太人宗教節日的開始。

46

圖100　赫剌克勒斯與九頭蛇怪搏鬥。（十八世紀雕刻）

圖101　老鷹啄食普羅米修斯。（希臘瓶畫，西元前六世紀）

圖102　赫剌克勒斯套住三頭狗。（義大利瓶畫，西元前330年）

98），顯示出這一自然和超自然神力象徵的遺跡。

即使到了今天，以色列的教士們仍然用吹響巨大的公羊角，來宣告猶太年曆中最莊重時刻的來臨，顯示其神力可以開啟精神世界之門（圖99）。

在希臘東南阿哥斯海灣的附近，有一片沼澤地，裡面有無數毒蛇和其他爬蟲出沒。人們想像出了無數關於牠們的神話。最令人恐懼的是毒氣四濺、食人吞獸的九頭蛇怪海德拉（也有神話說牠有七個、十五個甚至上百個頭）。牠的頭被砍掉後，會立刻重新長出來，除非迅速用火燒灼傷口。牠無人能敵，直到赫剌克勒斯（圖100）前來一下子砍掉九個頭，並用燃燒的木頭燒灼傷口，使其不復生長。在赫剌克勒斯面前，任何邪惡妖物都難以與之抗衡。當普羅米修斯被囚於高加索山崖上時，

圖103　赫剌克勒斯與雅典娜（瓶畫，西元前六世紀末）

47

一隻老鷹不斷啄食其肝臟（圖101），赫剌克勒斯射殺了牠，將人類的恩人釋放。

甚至刻耳柏洛斯，曾使忒修斯（希臘神話中阿提刻的英雄，雅典國王埃勾斯和特洛曾公主埃特拉的兒子）受苦受難的冥界的三頭狗，也是赫剌克勒斯的手下敗將（圖102）。赫剌克勒斯赤手空拳，趨前抓住狗脖，將之帶到光天化日之下，帶到阿哥斯國王歐律斯透斯面前。後來，出於同情，他又將三頭狗送回冥界。赫剌克勒斯殺死了據說是從月而降的涅墨亞獅子，用牠的皮製成了刀箭不入的護甲。他追逐無人可及的金角銅蹄的刻律涅山赤牝鹿，歷時一年，終於在遙遠的北方將之捕獲。

赫剌克勒斯用雅典娜女神贈送的銅響板，驅除啄食人肉的斯廷法利斯湖怪鳥，並用弓箭射殺之。這個故事與用模仿鳥叫以誘殺之的傳統方法有相同之處。赫剌克勒斯無往不勝，是人類夢寐以求的理想獵人。他可以在雅典娜女神面前挺胸而立（圖103）。圖中雅典娜身著羊皮披風，披風四邊是女蛇妖戈耳工的蛇頭。

當一頭凶惡的野豬在厄律曼托斯山上橫行肆虐時，赫剌克勒斯將之趕入深雪中，用網活捉，帶給歐律斯透斯。國王被野豬的咆叫嚇得魂飛魄喪，躲到一口大鍋中（圖104）。英雄赫剌克勒斯正要將野豬扔進鍋裡，裡面的國王滿面羞愧，爬將出來。

圖104　赫剌克勒斯捕獲野豬。（瓶畫）

圖105　宙斯和勒達之子波魯克斯與狗（瓶畫，西元前六世紀）

圖106　貓頭鷹圖（義大利）

圖107　熊形容器（西元前2000年）

圖108　母雞淺浮雕（小亞細亞，西元前六世紀）

　　一雙手正在溫柔地撫摸一隻狗（圖105），這一圖景讓我們看到了人類對動物態度的演變。恐懼和疑慮消失了，荷馬也得以用詩意的筆觸，描繪奄奄一息的獵犬歡欣地迎接主人尤利西斯歸來的情景。甚至在宗教獻祭儀式上，動物也突然失去了其神秘性而成為日常生活的組成部分。

　　古希臘抒情詩人愛奈科雷昂寫下了詠唱蟬的詩句：「你是多麼幸福啊！你坐在樹頂，用幾滴甘露解渴；你如同女王般快樂地歌唱……你是勞動者的朋友，從不傷害他們。你是夏天可

圖109　婚禮上的禮品（西西里）

愛的預報者，人類尊崇你，繆斯珍愛你……你的身上沒有舊日的重壓，你沒有血肉，永遠不變，你與神相差無幾。」

亞里士多德寫道：「似乎每種生物，都依據自己的官能找到了快樂……馬的快樂與人或者狗的快樂是大不相同的。」

雅典城採用貓頭鷹作為城徽（圖106），牠們的叫聲在溫暖的夜空中迴盪。人們通常把貓頭鷹與智慧關聯在一起，牠也是女神雅典娜的象徵。

山裡的野熊也不再是穴居人的可怕天敵，他們將牠雕刻成祭神的容器（圖107）。當然有關的神話故事還在繼續流傳，人們依舊在講述女神卡利斯托的故事。宙斯愛上了卡利斯托，醋意大發的妻子赫拉便將她變成了一頭熊，並讓狩獵女神阿耳忒彌斯誤射之。另一個故事說，有一頭餓熊吃了一個年輕姑娘，姑娘的父母將熊殺死，後來瘟疫肆虐全國，神諭示說，這是阿耳忒彌斯對愛熊被殺大為震怒的緣故，她下令所有的到了出嫁年齡的姑娘都成為獻祭的供品，顯示出對愛熊的深切情意。在宗教節日裡，女祭司們身披熊皮，模仿熊的動作跳起舞蹈。

希臘人並沒有飼養太多家畜，許多鳥類處於半家養狀態（圖108）。曾經給嬰兒宙斯餵食的鴿子，是戀人的禮物，婦人的寵物，海船和圍城的信使，還是一道美味佳肴。牠們的速度、聰敏和銳眼，使之成為女神阿芙羅狄特常侍左右的得力僕從，遣使牠們作為調停事端的快捷信使。

宙斯的女兒珀爾塞福涅嫁冥王狄斯時，公雞自然成了禮物（圖109）。雞鳴是黑夜結束的信號，它驅走了黑暗的恐懼，給世界重新帶來生機。公雞不僅僅是一種象徵，牠還充當鬥士的角色，鬥雞成了許多市場的特色。人們將大蒜、洋蔥餵給公雞吃，讓牠們變得更凶猛，還將銅刺綁在雞腿上增加殺傷力（圖110）。特密斯托克斯在與撒拉米斯作戰的前夕，曾激勵屬下以公雞般的鬥志奮勇殺敵。為了紀念他，在雅典的劇場每年

圖110　伽尼墨得斯與鬥雞（藏於羅浮宮）

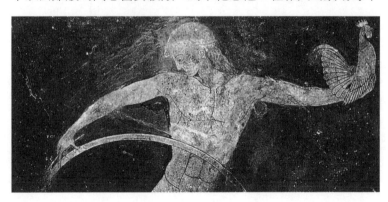

都舉行鬥雞賽。

　　希臘人的世界，漸漸變成了奇異的動物花園，人、神、動物混雜其間，伴隨著諸多想像豐富奇特的神話傳說。奧林匹斯山上眾神及其隨從的生活，構成了一長串變形神話。如眾神的統治者宙斯，就經常以各種奇異動物的外形出現，以欺騙眾神和人類。

　　宙斯愛上了女祭司伊俄，並把她變成一頭小母牛以避人耳目。赫拉大為嫉妒，派阿耳戈斯前去監視（圖111）。阿耳戈斯有一百隻眼睛，一半睜著一半閉著。眾神之神宙斯不忍看著自己的愛人成為囚徒，便命令赫爾墨斯將阿耳戈斯殺死。牧神赫耳墨斯吹起美妙動聽的簧管，阿耳戈斯聽得如癡如醉，眼睛一隻接一隻閉上，赫耳墨斯趁機將其殺死。赫拉將阿耳戈斯的眼睛鑲在孔雀尾上，以紀念忠於自己的牧神（圖112）。

圖112　赫拉將阿耳戈斯的眼睛鑲在孔雀尾上。

圖111　百眼阿耳戈斯護衛伊俄。（梵蒂岡壁畫）

圖113　賽克努斯化為天鵝。
圖114　阿克泰翁變為一頭牡鹿。

圖116　勒達與天鵝（潘諾尼亞飾針）

圖115　阿克泰翁被獵犬所食。

　　賽克努斯因試圖搶奪阿波羅的神廟而被赫剌克勒斯殺死。他的身體化為一隻天鵝（圖113），永遠在星際游弋。阿波羅之孫阿克泰翁（圖114）在外出狩獵時裸浴於林中池塘，女神黛安娜大為驚異，將他變為一頭牡鹿，被自己的獵犬撕成碎片（圖115）。

　　丘比特曾化為天鵝與勒達相愛（圖116）。他們愛情的結晶是兩個金蛋，一個蛋生出了海倫，另一個生出雙胞胎卡斯托

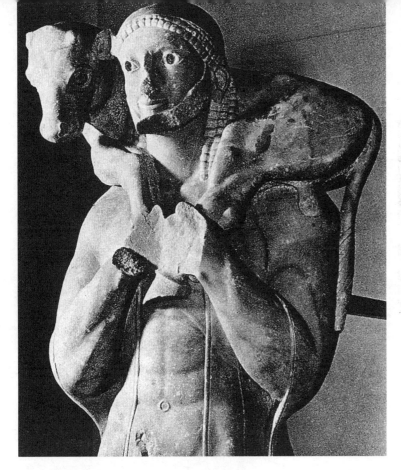

圖 117　塞壬（容器，西元前六世紀）

圖 119　背羊獻祭（大理石雕刻）

爾和波魯克斯。

　　學者們將這類神的變形視為圖騰崇拜的表現，英國的弗雷
澤、法國的林奈克等學者曾搜集相關的實例來驗證這一理論。
林奈克說：「鷹神和天鵝神被宙斯取代，是因為希臘人已經開
始尊崇人形神。但神仍具有神聖動物的特徵，偶爾還會以動物
的外形出現。這類變形只不過是回復其原始狀態而已。這些傳
說告訴我們，早期的希臘部落崇拜神聖天鵝，並相信牠能與人
類合為一體。後來，天鵝被人形神丘比特取代，但原先的故事
仍未被遺忘，於是丘比特也會變形為天鵝，引致與天鵝勒達的
故事。」宙斯與鷹，雅典娜與貓頭鷹，波塞冬與海豚，阿芙羅
狄特與鴿子，都有類似的變形過程。當人類不再敬畏動物的神
奇魔力時，眾神的人形化就開始出現了。

　　古希臘寓言作家伊索將人類與生俱來的情感、品質和缺點
賦予動物：驕傲的孔雀，狡猾的狐狸，勇敢的獅子……直到今
天我們仍在沿用這些比喻。亞里士多德曾對上百隻動物加以研
究，描述母雞下蛋的細節。雖然學者們和哲學家們剝去了動物
的神秘外衣，但在民間雕刻和廟宇壁畫中，仍可發現對動物神
力的讚頌。

圖 118　基督像（西元三世紀）

圖120　小豬被當做祭品。
（希臘瓶畫，藏於羅浮宮）

　　海妖塞壬是半人（女人）半鳥形（圖117）。被其歌聲所
惑的水手們難免一死，但若能獻祭得當，就能平安無事。

　　歷史和傳說中，無數動物被當做犧牲獻上祭台。後來，神
自身也成為祭品，基督曾宣稱要以身飼羊（圖118），取代了
地中海地區異教徒（圖119）獻祭的動物。但同時，流淌著動
物鮮血的祭壇仍在延續，健壯的牛羊豬鹿仍是獻祭之物，在當
時的「百牲祭」中，無數動物慘遭屠殺。奧維德告訴我們：「起
初，人們只需要少許麥子和鹽來取悅神靈，獻祭時並不用將利
刃插入小牛的心臟，穀神刻瑞斯是第一個得到豬血獻祭的神。」
在亞伯拉罕和以撒的故事裡，人類曾經是祭壇上的犧牲品，現
在由動物取而代之。胖呼呼的新生兒被小豬代替（圖120），
實在是人類的大幸。

　　自埃及始，腓尼基人和其他許多民族開始關注天空，於是
天上也布滿了各種動物（圖121）。諸如大熊座、公羊座、天

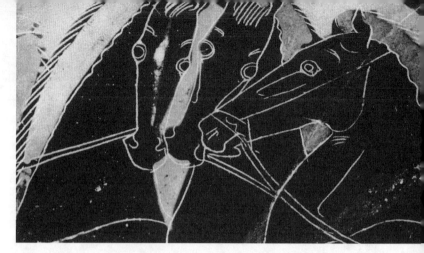

圖 122　馬頭像

鵝座、公牛座、獅子座這些星座的名稱從何而來？它們是與星座位置相關的地面現象有關，還是與星座的形狀有關？組成大熊座的七顆星星，無疑是人類早已用來辨別方向的天體。天狼星是夜空中最亮的星星。獅子星座的四邊形，天蠍星座、御夫星座的心形，被古人認為是天空的眼睛，人們在夜空穿山越嶺、在沙漠中跋涉、在大海中航行時，就靠它們指引方向。

　　但大熊座為何又被稱為北斗星，或在拉丁文中有時被稱為七牛星？畫家們確實也難以讓星座的形狀與相應的動物外形完全吻合。易洛魁族人將北斗星亦稱為熊，是因為他們知道熊是最耐寒的動物之一。在地球磁極上空纏繞如蛇的星星，因其外形而被稱為天龍座。埃及人觀察到每年尼羅河發洪水時，地平線上會升起一顆明亮的晨星，這顆行星就成了人們收拾細軟、逃往高地的行動信號。這顆星有不同的名字：天狼星、尼羅河星等，閃族人稱之為「Sibor」星，拉丁文的「Sirius」（天狼星）即源於此。在埃及它標幟著新年的開始。後來的天文學家們都沿襲了以動物命名星座的傳統。西元八世紀時，有些虔誠的神學家試圖用「聖彼得之舟」之類的名稱來代替「大熊座」，結果應者寥寥，也就只好作罷了。

　　中亞大草原可能是最早役用馬的地方。數千年前，這一帶的居民就以善用馬具、騎馭馬匹四處遷徙而聞名。亞述人和埃及人從東方入侵者那裡學到了馬術，希臘人也學會了將馬用於征戰。畫家和雕刻家視馬為世間美物（圖122），希臘人對馬更是無比崇尚。從荷馬史詩中的特洛伊木馬（圖123）到亞歷山大王的戰馬，馬成為希臘傳說和歷史中永恆的主角。這個富有想像力的民族創造了人首馬身的怪物（圖124），用以紀念給他們留下深刻印象的騎士。

　　古希臘中東部阿提卡地區多石的土壤實際上並不適合使用馬匹。在西元前490年的馬拉松之役中，或在布拉底之戰中似

圖 123　特洛伊木馬（梵蒂岡）

56

圖 124　人首馬身的怪物
（神殿牆雕，義大利）

圖 126　馬車銅像（威尼斯）

圖 125　希臘古都特爾斐的御
馬者（約西元前 470 年）

乎都未使用馬，那時物以稀為貴，馬被當成高貴的動物。在波
斯戰爭中，雅典人開始知曉馬的威力。在西元前431年的伯羅
奔尼撒戰爭中，雅典人已組織起一支由一千名騎兵和兩百名弓
箭手組成的騎兵部隊，這支部隊後來發展成為一個有獨特團隊
精神和政治理念的階層。一個人若想擁有並養得起尊貴的馬，
首先得有錢財，還得身手敏捷，善用長矛標槍。

在亞洲，只有國王們能養得起一大群馬，比如所羅門王的

圖127 雅典容器上的馬車競賽
圖（西元前五世紀）

57

圖 128　少年和海豚（那不勒斯）

馬廄就聲名遠揚。馬和馬車的御者地位顯赫到人們為之樹碑立
像。最著名的希臘四馬二輪戰車御者雕像（圖 125）是由西西
里王子或利比亞東部昔蘭尼加的阿克斯勞斯王豎立的，表現了
征服者對馬的狂熱感情。另一座著名的馬車銅像位於威尼斯
（圖 126），是聖馬可像正面的裝飾。銅馬最初由羅得斯島的工
匠製作，後被羅馬皇帝圖拉真運到羅馬，又被康斯坦丁帝運到
君士坦丁堡。威尼斯人在 1204 年得到它們，後又落入拿破崙之
手。 1815 年，法國將它們歸還給威尼斯。

　　這些馬車的外觀，歷經幾個世紀無甚變化，但馬車競賽卻
變異多多（圖 127）。最初，競賽是在凹凸不平的直線賽道上
進行，長度為數英里。後來競賽被限制在橢圓形的跑馬場內，
長度從六英里到十二英里不等。

　　希臘神話中的海神涅柔斯公正仁慈，熱情好客。希臘人並
不懼怕海洋，在他們眼裡，神話中的海中仙女涅瑞伊得斯是可

愛善良的姑娘，她們和父親涅柔斯居住在海底，用金紡錘做些紡織活兒。她們經常成群結隊浮上海面，與海豚嬉戲（圖128）。地中海的水手們在愛琴海島嶼間的貿易航線上，在沒有潮汐的海岸邊，都會發現這些友善的海豚（圖129）。牠們出現在船邊是好運的預兆，若牠們突然消失，則預示著敵人艦隊或風暴的迫近。這時最好改變航向，跟隨海豚前進，牠會把船隻引向安全的港灣。在夜晚，地中海裡海豚的叫聲是水手們的最佳嚮導。水手們傳說，當海豚年老體衰、視力減退時，一種小魚就會吸附在牠身上，為牠引路。漁夫們如果在漁網中發現海豚，會立即將其放生，因為殺害海豚是傷天害理的事情。海豚是光、水和大海的象徵，精靈們騎著海豚到達幸福的樂土（圖131）。

圖130　海豚館牆飾畫（希臘得洛斯）

雅典人認海豚非常喜歡人類，有時會變為人形。亞里士多德宣稱海豚游速飛快，可以從最大的船上一躍而過。牠們喜歡在岸邊游弋，觀看人們游泳。一旦有人溺水，牠們就會救其上岸。傳說有一隻海豚和一個孩子友情深厚，經常在一起嬉水，後來孩子死了，海豚因悲痛過度也隨即死去。

男孩騎在海豚上——這一場景在古典藝術中屢見不鮮（圖130），很可能古希臘海岸邊的孩子們確實有此舉動。著名的羅馬博物學者老普林尼曾一本正經地宣稱他見過一隻海豚每天送一個孩子上學。印度和亞馬遜河流域的漁民相信海豚會幫助他們驅魚進網，有些漁民甚至因此鬧起糾紛，打起官司來。

關於海豚智力的故事主要來自希臘。亞里士多德講述過這

圖129　與海豚嬉戲

圖 131　精靈們騎著海豚到達幸福的樂土。（鑲嵌畫）

樣一個故事：在小亞細亞西南部的卡里亞地區，幾個漁民打傷並捕獲一隻海豚。大群海豚立刻聚集過來，跟隨漁船進港，直到漁民們將那隻海豚放回大海，牠們才護送著受傷的海豚離去。海豚非常喜歡音樂。西元前七世紀居住在希臘萊斯博斯島上的詩人阿利揚，有一次去西西里島開朗誦會，歸途中被歹人搶劫，扔在船甲板上束手待斃。情急中他彈響了七弦琴，海豚聞聲而至，將他救護上岸。

對這些古老的故事傳說我們自然可以一笑了之，但時至今日，我們不得不重新考慮這些故事的真實性，研究海豚的智力是否最接近人類。研究證實，海豚有自己的語言，科學家們正在進一步研究其語言和行為（圖 132）。有些古老的傳說看來並非天方夜譚。

在地中海，幾個世紀以來，捕魚的方法幾乎沒有什麼改變：繩索、漁網（圖133）、魚叉、串鉤，以及不同尺寸的三齒魚叉。

圖 132　美國研究中心的海豚

圖 133　張網捕魚。（西元前六世紀壁畫）

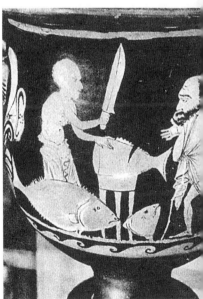

圖134　兒童騎魚圖（非洲北部尤蒂卡鑲嵌畫，藏於羅浮宮）

用這些漁具捕撈海魴（圖134）、胭脂魚、金槍魚（圖135）和沙丁魚等。漁民們如網到近百磅的大魚，就會跟牠幾天幾夜，直到魚兒筋疲力竭才趨前殺死之。

羅馬人捕魚的方法很巧妙：先挖一個魚塘，將繩子穿過一條雄性胭脂魚的嘴和鰓，把牠放進水中，慢慢拉回魚塘內，後面就會有雌性胭脂魚尾隨而來，自投羅網。但羅馬人在科學知識方面卻不敢恭維。比起希臘的前輩亞里士多德來，普林尼就大大落後了。當他還誠心誠意相信孕育著珍珠的牡蠣是跟隨著

圖135　畫在容器上的魚市一景（西西里）

一個首領而成群移動時，亞里士多德已經在對鰻魚的遷徙進行研究了。

二、 動物爲役

　　文明西漸，動物開始爲人類所役，羅馬帝國仍保留著對動物神奇力量的古老信仰，但製造了鬥獸場上的血腥景觀。詩人維吉爾對家養寵物的溫情摯愛，沖淡了人們的殘忍行徑。在中世紀的歐洲，東方的神話被基督教改頭換面，東歐和亞洲的入侵者也帶來了新的信仰。在眾多聖徒那裡，動物王國成了神的見證。十字軍東征、旅行和戰爭使馬匹身價百倍。馴鷹逐獵大行其道，捕捉動物招數多多。牧羊業、馬車、農具以及對狗的喜愛風靡一時。紋章徽記上的動物五花八門，而傳染瘟疫的動物和妖怪傳說則讓人類驚懼不已。

圖 136 銅器上的羊肝，可能是卜占者的用具。（義大利）

圖 137 獵殺牡尸鹿。（羅馬鑲嵌畫）

　　比起幼發拉底河和尼羅河流域的居民來，義大利中西部古國伊特魯里亞的人們更加相信：通過觀察鳥和動物的內臟，可以預知未來。占卜者將動物肝臟分為數份，每份都有獨特的寓意，用以勸誡羅馬軍隊(圖136)。另有占兆官通過觀察鷹和其他飛禽來預知吉凶。人們仔細地觀察神鳥的舉動，因為其預兆更為靈驗。實際上，只有當占卜官難卜吉凶的時候，羅馬人才轉而向占卜的僧人求助。然而，儘管羅馬人對不少動物迷信崇拜，但

卻對更多的動物有殺戮的愛好。在羅馬帝國的興衰史上，充斥著羅馬人對動物大開殺戒的狂熱，他們所有的武器（圖137）都對準了森林裡的生靈（圖138），與其說是生計所需，不如說是在運動娛樂。

北非是羅馬最富裕的省份之一。在那兒，羅馬人嘗到了歐洲大陸所沒有的珍禽異獸的滋味（圖139），把牠們帶回來，放到餐桌上或動物園、馬戲團裡。但很早以前，非洲大象就已光顧了羅馬。

古希臘伊庇魯斯王皮拉斯，在西元前280年用大象做軍隊的前導，使第一次遇見這龐然大物的羅馬軍隊亂作一團，潰不成軍。7年後，在一次戰鬥中，羅馬人成功地捕獲了伊庇魯斯王的4頭大象，羅馬城內有史以來第一次見到了這種動物。其實，用大象作戰並不是皮拉斯的首創，40年前，古波斯的大流士王就用牠們來對付亞歷山大大帝。

但迦太基統帥漢尼拔領著大象翻越阿爾卑斯山的壯舉更是匪夷所思（圖140），雖然這並沒有給他帶來更多的光榮：在山上，大象們一頭接一頭地死去。50頭大象，在作戰結束後，僅有1頭還活著。

隨著對大象驚恐的消失，人們不再將大象用於戰爭。羅馬城對大象已是見怪不怪。西元前46年，凱撒大帝曾在旅行時，用大象馱運火把。

在羅馬南部皇家的森林領地裡養著一萬多頭野生動物，其中有數百頭大象，牠們絕大多數的歸宿是競技場：與老虎或其

圖138 獵殺野豬。（西元3世紀，西西里）

圖 139 有老虎、大象等
動物的鑲嵌畫（西元3世紀，
西西里）

圖 141 虎面具（西西里）

圖 140 漢尼拔翻越阿爾卑
斯山。（德國雕刻，1860 年）

他猛獸進行生死決鬥。為了激發牠們的凶猛獸性，人們用大米
或蘆葦釀造的汁液將其灌醉，或用火把激怒牠們。

隨著在非洲貿易的開展和戰利品的增多，羅馬和義大利其
他地方的人們開始見識獅子和老虎（圖 141）。老虎是羅馬皇
帝們的寵物——雖然有些獵豹也被當成老虎。羅馬第一代皇帝奧
古斯都養了420頭老虎，赫利奧蓋巴勒斯有51頭。當時羅馬城

內獅子之多，使人恍若來到了非洲的城鎮。卡拉卡拉皇帝的桌子邊，常有愛獅相伴，他經常當眾親吻撫摸牠。蘇拉有100頭獅子，龐培有600頭，奧古斯都有280頭，暴君尼祿有300頭。老百姓私人豢養的更是不計其數。獅子的鬃毛上撲著金粉，身上有閃亮發光的飾物和甲冑，有時甚至代替馬去拉車。赫利奧蓋巴勒斯就喜歡駕著由穿金戴甲的獅虎和牡鹿拉著的座駕，在梵蒂岡山上招搖過市。

當羅馬人占領埃及後，他們發現了新的動物世界。尼羅河兩岸（圖142）的飛禽走獸（圖143）讓軍團士兵們大開眼界。當他們移師高盧後，用鱷魚作為尼姆城的徽標，也就不足為怪了。

鮮血橫流的羅馬鬥獸場，是藝術作品創作的無盡源泉（圖

圖142 在尼羅河捕殺河馬。（鑲嵌畫局部）

圖143 河馬（法國動物園）

圖 144 羅馬的馬戲表演
（17 世紀雕刻）

圖 145 舞台上的狩獵
（17 世紀雕刻）

圖 146 與羚羊搏鬥。
（西元 5 世紀牙雕，利物浦）

144）。人們或騎馬，或徒步，與各種野獸搏鬥（圖145）：熊、公牛、大象、野豬、獅子、獵豹等等。人們有時用網或長矛，有時甚至赤手空拳與羚羊（圖146）、獅子（圖147）和老虎搏鬥。有時搏鬥是在兩隻動物之間進行，城市上空迴盪著觀眾興奮的狂叫。

在提圖斯皇帝當政時期，野獸們灑在鬥獸場上的鮮血，恐怕是有史以來最多的。

在一次表演中，藉用各種複雜的機關裝置，鬥獸場被改造成森林、湖泊狀。表演結束時，五千隻野獸死於非命。偶爾，鬥獸場上的野獸們也能逃出生路：野兔藏在動了惻隱之心的獅

子嘴裡，逃過獵犬的追殺；鹿坐在豹子拉的花車上遊行；大象用鼻子在鬥獸場的沙地上寫字向皇帝致意。但絕大多數情況下，鬥獸場被鮮血浸透。觀眾最熱衷的場面是人赤手空拳與野獸搏鬥（圖148），特別是與老虎搏鬥。角鬥士們身著束腰短衣，右臂綁著皮帶，撲向老虎試圖扼殺之，否則就會被老虎的利爪撕成碎片。在野獸買賣過程中，許多人發了財，有的家族甚至蓋起了豪華的宮殿。由於大規模的屠殺，野獸數目急劇減少，到4世紀時，非洲東北部的努比亞附近已見不到河馬，大象也在北非消失了。

圖147 與獅子搏鬥。（牙雕）

古羅馬詩人維吉爾曾經謳歌義大利鄉村的哞哞牛聲。在古代，殺害牛是違法的，因為牛是人類的朋友和幫手。羅馬人一方面從血腥的鬥獸場得到享受，一方面又表現出對動物的溫情和理解。這種矛盾在神話傳說中也有所體現：戰神之子羅穆盧斯和瑞摩斯曾在一個山洞中被一頭母狼哺乳餵養（圖149），他們後來創建了羅馬城，這個城市與動物有千絲萬縷的聯繫。

宗教的成分在羅馬共和國和帝國的歷史上不斷減少，但古時的信仰仍然得以保存，它們變成了綿綿不絕的傳說。羅馬人害怕命運女神，對「凶眼」敬而畏之（圖150）。

這座充滿殘忍和迷信的羅馬城，在詩人維吉爾的心目中，應該是靜謐的、牧歌般的家園。他描繪了一幅安寧的場景：兔子（圖151）在自由玩耍，鹿兒在歡快地鳴叫。奧古斯都皇帝鼓勵維吉爾的詩歌創作，其動機顯而易見：他想吸引人們返回家園，重建共和國早期的傳統家庭美德。在維吉爾筆下，農夫們躺在草地上，心滿意足地看著他的牛群。驚飛的鶴和蒼鷺告訴他暴風雨的到來；螞蟻爬行的方向、烏鴉的飛行，都是天氣變化的預兆。

圖148 與虎搏鬥。（西元4世紀鑲嵌畫）

國家也對動物呵護有加。每年的財務預算中，第一筆開支就是用以飼養丘比特神殿的鵝群。有的窮苦人家養不起狗，就養一隻鵝看門守戶，據說牠能比看家狗更為盡職盡責。

羅馬人經常選取希臘傳說中動人的動物故事，加以描繪，用來裝飾家居。比如著名的忒勒福斯的故事：他是赫剌克勒斯的嬰兒，遵神諭被棄於路旁，多虧一隻赤牝鹿用乳汁撫養了他（圖152）。

人們對蜜蜂也有深厚的感情。每個農莊都有蜂箱，因為蜂蜜是羅馬人食物中的主要甜料。亞歷山大大帝從東方帶回了蔗糖，但主要做藥用。 據說有的農夫每年可以收穫超過1600衡的蜂蜜。

圖 151 野兔像銀幣

圖 149 羅穆盧斯和瑞摩
斯被母狼餵養。（羅馬錢幣）

圖150「凶眼」鑲嵌畫（西
元 3 世紀）

　　無論是在傳說還是在實際生活中，馬在羅馬人心目中享有
崇高的地位。卡利古拉皇帝溺愛自己的坐騎到了如此地步：他
用金子和大理石為馬兒修建馬廄，馬槽是用象牙製成，有一幫
大臣官員們專門伺候牠。

　　與埃及人的狗神崇拜不同，羅馬人不喜歡狗，認為牠會給
健康帶來不良影響，但作為一個講求實際的民族，他們對牧羊

圖152 牝鹿餵養忒勒福斯。（浮雕局部，藏於那不勒斯博物館）

狗倒是青眼有加。一位農學家喋喋不休地忠告人們「牧羊狗的年齡應不大不小，太老太小都無法保護自己和羊群，必為野獸所食。……千萬別從獵人或屠夫處買狗，因為前者的狗沒有受過與家畜共處的訓練，後者的狗聞到兔子或鹿的味道就會箭一般跑走。最好從牧羊人那裡買狗。」不一會兒他又堂而皇之地宣稱：「任何人都能把狗訓練成羊群的忠實衛士，只要餵之以烤青蛙。」羅馬人也沒有忽視狗看家護院的傳統功能。手頭寬裕的羅馬人至少在門廳裡養一條看家狗。「小心猛犬」的警告圖畫是羅馬人家門口牆上常見之物（圖153）。

山羊（圖154）也是羅馬人生活場景中常見的動物。牠們是最有用的家畜之一——可以負重，可以供給人們羊奶、羊肉

圖153「小心猛犬」（藏於那不勒斯博物館）

和羊毛。在希臘神話傳說中牠們也常出現：母山羊阿瑪爾忒亞曾用自己的乳汁餵養宙斯；帕耳那索斯山上的一隻山羊，會解釋阿波羅和德爾菲的神諭。

公山羊和母山羊都是豐饒的象徵，常被人們用於獻祭。在羅馬的節慶日裡，祭司們披著山羊皮，繞山奔跑，用羊皮鞭抽打路人。據說婦人遭打後可以治癒不孕症。在人們飼養牛之前，羊為人類提供了大量的奶製品。後來有一位農業專家對羊大加責備：「羊破壞草地，吃掉嫩芽，破壞力甚大。牠們破壞了北非的植被，牠們必須對塞浦路斯森林的荒蕪負責。」可是人類用火和斧頭毀滅森林，又該當何罪？

羅馬人和希臘人一樣喜歡鳥類，他們飼養天鵝、孔雀、鸛和雞鴨，修建了大型鳥舍，裡面鳥語花香。他們最喜歡會說話的烏鴉（圖155）、喜鵲和鸚鵡。普林尼曾講述過這樣一個故事：有一隻烏鴉在神廟的屋頂上出生，築巢於一個工匠的小店邊。工匠教會牠說話，後來每天早晨牠都會飛到公共講壇上，問候泰比里厄斯皇帝等人。這隻鳥死後，羅馬人為牠舉行了隆重的葬禮。

鸚鵡在相當晚近的時候才由東方引進，隨即成為富人家庭的新寵，他們吃飯時讓鸚鵡上桌，邊吃邊與牠交談。馴鳥人在教鸚鵡說話時，自己藏在一面鏡子後，使對著鏡子的鸚鵡誤以為是在與另一隻同類說話。

鳥類還被認為是超自然力的使者。據說，古羅馬政治家、雄辯家西塞羅就曾得到過鳥兒的預報。當時他住在鄉下靠近森林的家中，一隻烏鴉突然飛來，弄斷了日晷的指針，並叼著他的衣服不放。不一會兒，僕人來報：外面來了士兵，奉命前來

圖154 田園即景（西元2世紀鑲嵌畫，羅馬）

圖 155　義大利龐培出土
的烏鴉圖

圖 156 基督降
生時孔雀環繞。
（15世紀·巴黎）

圖 158 網中奇蹟（12世紀瑞士某教堂頂畫局部）

圖 157 鵜鶘像（德國）

殺死他。動物被人們賦予某種魔力，是奇異、可怕事件的預報者。

耶穌降生時的牛和驢，代表著耶穌受難時隨同死去的兩個竊賊。牠們有時代表耶穌，有時代表異教徒。在這幅15世紀的耶穌降生圖中，有一隻孔雀隨侍左右（圖156）。孔雀自然應該有此榮耀：牠的肉據說可以長久保存，每年的換毛是萬物復甦的象徵，牠那藍寶石般的胸部，加上開屏時尾巴上的圖案，宛若繁星綴滿天空。

在早期的動物故事中，鵜鶘（圖157）贏得了「虔誠盡責」的美譽，據說牠們會用嘴撕開自己的胸部，用血肉之軀餵養饑餓的幼仔。如此鵜鶘也成了耶穌的象徵——耶穌被釘在十字架上，將自己的鮮血奉獻給人類。實際上，鵜鶘是將嘴袋中的食物，反芻餵給幼仔。

希臘詞彙「魚」（Ichthus）曾被早期的基督徒用於一首藏頭詩，暗指基督耶穌。圖為神和他的使徒從魚網中拯救靈魂（圖158）。

公雞（圖159）是耶穌戰勝黑暗勢力的象徵，是復甦的預兆。白鴿（圖160）是天堂的使者，聖靈的象徵。希伯來人早已將羔羊當作彌賽亞的象徵，通常牠被描繪成一隻蹄子繫在十字架上（圖161）。

西元4世紀，西方的羅馬帝國受到來自東方的新的影響，它來自另一個古老而陌生世界。哥特人和匈奴帶來了廣闊的中亞平原斯基台人逾千年的文明成果，一種與動物緊密相關的文明。

圖 159 公雞（西班牙浮雕）

圖 160 聖鴿（13世紀，巴黎）

圖 161　神羊

圖 162　木車，在阿爾泰山的凍土中保存了 3000 年（列寧格勒）

圖 163　斯基台人的鹿鳥銅刻（西
元前 7 至 6 世紀）

　　在西伯利亞冰凍的沼澤中，人們發現了完整無缺的木車（圖162）。牠由樺樹木製成，帶輻條的輪子直徑達 5 英尺，有黑氈做的頂棚，上面飾有天鵝的圖案。

　　如果遇到坎坷難行的道路，可以把車拆除，馱在牲畜的背上。這種木車是皇家舉行盛典時所用，也可供婦女兒童旅行，晚上可以把頂棚部分拆下，用之搭建帳篷。

　　至於男人，白天都是在馬背上度過的，馬是西伯利亞草原之王。酋長死去後，他的所有馬匹全部殉葬，華麗的馬具放在墓邊，等待著酋長有一天復活，重新策馬馳騁。

　　遼闊的大草原充滿奇趣。里斯描寫道：「在亞洲，有駝鹿、熊、狼、野牛和野馬。在歐洲，有野豬、驢、羊、水獺和海狸。灌木叢中野兔和貂在出沒，野蜂四處飛舞，老鷹、野雞和鷓鴣從空中掠過。所有這些動物，在斯基台人的藝術中都得到表現。」其中，鹿是最突出的主題（圖163），所有的歐亞人都相信牠是引領人們走向奇異冥界的嚮導。

　　時過境遷，斯基台人身著閃亮合身的制服、緊身束腰褲的身影猶在眼前，他們一直挺進到法國東北部的阿爾薩斯和義大利中部的埃特魯斯坎，卻來也匆匆，去也匆匆，突然消亡了，只留下了公雞裝飾，牠至今仍是俄羅斯、波蘭和巴爾幹農民裝

圖164 雕有馬和三角網的金幣

圖165 花瓶局部（藏於哥本哈根博物館）

圖166 馬車（西元1世紀，德國）

圖167 騎士像（藏於德國海勒博物館）

圖168 景泰藍鷹（科隆）

飾的特徵，在凱爾特和撒克遜人的珠寶裝飾中也可見到其影響。

　　約在基督之前500年，凱爾特人生活在高盧。同歐亞遊牧民族一樣，他們崇拜馬（圖164），比羅馬人更喜歡動物，特別是那些有實用價值的狗、公雞和豬等。

　　這些在丹麥沼澤地區發現的瓶畫（圖165），描繪的是一些奇異的動物，顯示出作者從歐洲和亞洲的許多地方汲取了創作靈感。其車馬匠的奇裝異服也對羅馬產生了影響（圖166）。

　　隨著時間的推移，入侵者（圖167）接踵而至：法蘭克人、哥特人、汪達爾人，以及令人懼怕的匈奴，不斷敲擊羅馬的大門。生活在馬背上的匈奴，一日可以策騎馳騁60多英里。他們所經之處難免遭受破壞，但也給羅馬帶來了馬具的革新。羅馬的騎手在這些馬背民族面前不堪一擊。羅馬人的雄鷹，被這些東方征服者的金鷹或彩釉鷹所替代（圖168）。

　　或許是戰亂的餘波，在中東、西歐甚至在中國，都有相似的妖怪傳說。

　　人妖之間史詩般的大戰，並不缺乏現實的基礎：有關史前

圖 169 瑪格麗特受到惡龍攻擊。（16世紀佛蘭的瓶畫）

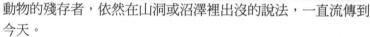

動物的殘存者，依然在山洞或沼澤裡出沒的說法，一直流傳到今天。

在中世紀，這些妖怪的故事被發揮得淋漓盡致。在人們的心目中，惡龍和其他奇獸是與地獄和惡魔緊密相關的。異教徒的故事被改頭換面以符合基督徒的信仰，聖徒們也被召來與妖魔們鬥法惡戰。有這樣一個故事：匹斯蒂亞的總督奧利布留斯被牧羊女瑪格麗特的美貌所吸引，但瑪格麗特拒絕了他，他就將她扔進深深的地牢。在牢裡，瑪格麗特遭到狀如巨龍的撒旦的襲擊（圖169），但她用十字架戰勝了惡魔。

在早期的一些圖畫中，龍的形象在現實中似乎還有跡可尋（圖170），但後來卻越來越誇張古怪。這頭龍形惡魔被主教用長巾束頸，像牽狗一般拉著（圖171）。另一個典型的故事是：德國東南部雷根斯堡城的聖徒沃爾夫岡，按照早期福音傳道者的傳統，拿著一把斧頭到新修道院驅魔布道。一隻半人半龍的妖怪從窩裡出來，閃騰尖叫，試圖破壞沃爾夫岡的布道。但沃爾夫岡信仰堅定，毫不為之所動，迫使妖怪將聖經交還（圖172）。

從羅馬時代到中世紀，有關龍石——龍頭上的一塊魔石——的信仰流傳了千餘年。要想獲得它的神力，必須從龍頭上將它取下，或許可以用藥使龍睡覺，然後偷取之。大門口的龍

圖 170 龍（16世紀木刻，倫敦）

頭像，據說會給房主帶來好運。龍心臟的油脂，有助於人們打贏官司，而裝在羊皮袋裡的龍牙，會使王子傾聽採納你的陳諫。在中世紀的宗教遊行中，龍的形象無處不在；在巴黎、杜埃、沙特爾等城市的教堂儀式中，牠也占有顯赫的地位。最著名的龍傳說莫過於聖喬治的故事。這位聖徒的生平詳情無人知曉，但據說居住於中東的利達地方，學者們將他殺死猛龍、營救公主的故事，與希臘神話中珀爾修斯和安德羅米達（圖173）的故事相提並論，後者也與利達有關。這類英雄救美人的主題，為中世紀的許多動人故事錦上添花。

圖171　被縛的惡龍

聖喬治殺死了惡龍，但在其他大量的聖徒與動物的傳說中，動物是有神性的、友善的。當拉撒路倒在富人家門口時（圖174），是狗兒為他舔傷口。耶穌被釘上十字架，鮮血滴到知更鳥身上，從此牠有了紅色的胸脯。福音傳道者都有某種動物作為其象徵。聖約翰有一隻鷹為他叼著經卷，有時聖約翰本

圖172　聖沃爾夫岡和妖怪（慕尼黑）

圖173　珀爾修斯和安德羅米達（15世紀）

圖 175　聖約翰像（巴賽羅那）

人也被描繪成鷹首人身模樣（圖175）。 聖路加的象徵是一頭牛，原因不詳，也許牛是奉獻、受苦和勞役的代名詞。聖馬可與獅子有關，馬太的象徵是一個天使。這些都是極為簡單的象徵形式，在基督徒的信仰中，還有數不盡的關於動物奇行神蹟的故事傳說。

在義大利，信徒托瑞羅有對付狼的神力，可以救出被狼咬食的孩子。那不勒斯的隱士聖威廉，有一次碰到野豬在自己的菜地裡搗亂，他便喚來兩隻狼，咬著野豬的耳朵把牠拖了出去。還有一次，一隻狼咬死了他的毛驢，他便罰牠為自己正在修建的教堂馱運沙石和水，直至教堂落成。英國格拉斯哥主教肯提戈恩，因為沒有牛，便從森林裡找來兩頭牡鹿拉犁耕地。有一頭狼吃掉了其中一頭鹿，主教就給牠套上犁，代替受害者幹活。

在西歐，流傳著許多僧侶馴鹿耕田的故事。有一個動人的故事是：布拉本特公爵的女兒葛妮維雅芙，被丈夫誣蔑與人有染，把她拋棄。她與孩子在森林裡生活了6年，一直由一隻母鹿餵養。另一個奇異的故事是：聖伯納德在祈禱時，數千隻蒼蠅在周圍飛來飛去，嗡嗡的噪音使他無法祈禱。他一怒之下念了一句咒語，蒼蠅們立刻掉在地上，全都一命嗚呼了。

圖174　拉撒路倒在富人家門口。（14世紀，巴黎）

聖羅齊在朝聖途中路過亞平寧某地，發現人們正遭受瘟疫之災。他忘我地照料病人，直到有一天他也身染重病。他遁入森林深處，鄰家有一隻狗從主人桌上偷來麵包給他（圖176）。聖埃里吉烏斯在成為著名的金匠前，曾是一名技藝高超的鐵匠。有一次他給一匹烈馬釘馬掌，馬兒亂蹦亂跳無法下手，他便一刀砍斷馬的前腿（圖177），釘好馬掌，再輕而易舉地把斷腿復原。

在法國中部的布爾日城，有個人不承認聖餐中基督的存在，但他發誓：只要騾子在乾草和聖餐之間選擇後者，他就相信這種說法。結果，騾子向聖安東尼手中的聖餅下跪（圖178），這個人立刻心服口服了。

熊通常是聖人們的忠實朋友。查理曼大帝有一次追獵一頭巨熊，牠逃進聖古德勒的神廟，像小狗一樣舔修女的腳。查理曼大帝見此情景，下令免牠一死。從此這頭熊就一直與修女們生活在一起。有一頭熊幫助英國傳教士高爾，在瑞士的康士坦茨湖附近蓋了一座修道院，因為好心的傳教士幫牠拔出了爪子上的刺。

在義大利的古比奧，有一隻狼讓居民們驚恐不安。聖弗朗西斯與牠交談後，狼立刻變得像狗一樣溫順聽話。關於聖弗朗

圖 176　聖羅齊與狗

圖 177　聖埃里吉烏斯釘馬掌。（藏於羅浮宮）

圖 178　聖安東尼顯示的奇蹟（法國）

圖 179　復活的雞
證實多明戈的清白。

圖 180　失明的聖
赫爾維和狼的石像

西斯的故事還有很多，諸如鳥兒們興高采烈地待在他腳上，聽
他布道祈禱之類。

　　在西班牙布爾戈斯省附近的一個小鎮，聖多明戈被誣告在
旅店裡侮辱了一名女僕，這時餐桌上已經烹好待食的一隻公雞
和一隻母雞突然復活，宣告多明戈的清白（圖179）。從此人
們將公雞母雞供養在一個小教堂裡，紀念此事。

　　動物為正人君子作證，反之，也有許多人類幫助保護動物
的故事，聖徒們在這方面尤為聲名遠揚。6世紀法國布里多尼
地區的隱士赫爾維，天生失明，有一隻狼吃掉了他的導盲犬，
他便馴服這隻狼取而代之，從此，赫爾維與狼形影不離（圖
180），人們相信他是獵狼者的保護人。

　　有一天，聖哲羅姆正在敘利亞的一座修道院裡布道，忽然

圖181 聖哲羅姆和獅子（15世紀木版畫，藏於維也納國家圖書館）

圖182 聖普拉西德斯（15世紀）

圖 183 聖休伯特（17世紀木版畫）

一隻跛腿的獅子走了進來。聖哲羅姆幫牠拔出爪子上的刺，從此獅子便成為他的左膀右臂（圖181），他的驢子在野外放牧吃草時，這頭獅子便擔任護衛之責。有一天，過路的商隊趁著獅子打盹，偷走了驢。獅子醒來後，急忙循跡窮追不捨，追上商隊後，獅子大聲咆哮，嚇得賊人四散而逃。獅子領回了被偷的驢，順便還帶回了商隊的駱駝。

聖徒傳記中記述了一些有靈性的動物的故事。 1540 年，聖弗朗西斯在赴印度傳教的途中，在摩鹿加群島遇上大風暴，驚濤駭浪，暗礁叢生，情況十分危急。聖弗朗西斯解下脖子上的十字架，浸到海中，想以此平息風暴，不料海浪把十字架捲走。安全上岸後，聖弗朗西斯在岸邊散步時，忽然一隻巨蟹從海浪中出現，爬上岸來，將十字架交還給他。

羅馬皇帝圖拉真的將軍普拉西德斯，在一次狩獵時，坐騎忽然止步不前，只見在他追逐的鹿群間，出現了一個十字架。一個聲音震耳發聵：「普拉西德斯，你為何加害於我？我是基

督。我已聽說你樂善好施，故憐憫你。去找一個主教受洗吧。」
普拉西德斯被神蹟所震懾，脫胎換骨成了基督的忠實信徒，歷
經磨難，後來成為保護獵人的聖徒（圖182）。但到了中世紀
末，這個故事漸漸失傳，情節差不多的聖休伯特的故事取而代
之，在許多狩獵的地區廣為傳誦。

休伯特是一名主教，727年在一次捕魚事故中喪生。在一
次狩獵中，他的獵犬嗅到了一頭大牡鹿的氣味，休伯特便窮追
不捨。走投無路的牡鹿忽然轉過身來，頭上的長角之間出現一
個閃閃發光的十字架（圖183）。休伯特急忙翻身下馬，跪倒
在地。一個聲音從空中傳來：「休伯特啊休伯特，你為什麼追
逐我？難道你迷戀打獵，忘記救贖得道了嗎？」此後，休伯特
便變成了保護獵人的聖徒。在中世紀的歐洲，東西方之間一直
保持著貿易和外交的交流關係。西班牙的穆斯林讓東方的風俗
習慣在西歐紮根；對北方一直心嚮往之的查理曼大帝，對地中
海地區的繁華也念念不忘。伊斯蘭的國王投其所好，獻給他象
牙棋子甚至活生生的大象。這頭大象在查理曼大帝的宮殿裡待
了13年之久，後來牠的長牙被製成一隻碩大的狩獵號角（圖
184），它可能是中世紀英雄傳說「象牙號角」的原型。在庇里
牛斯山脈西部的倫塞斯瓦列斯，查理曼大帝手下的勇士羅蘭中
了埋伏，他奮力吹響象牙號角，直至頸部血管爆裂而死。

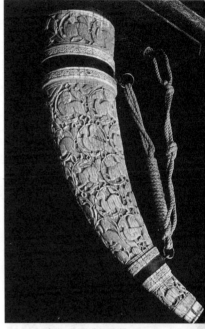

圖184 象牙號角（巴黎）

巴勒斯坦的騎士們出征時，往往身披重甲（圖185）。卡
洛林王朝的馬匹，被餵得膘肥體壯，以便騎乘或裝以鎧甲，足
以馱動全身披掛的騎士。但對十字軍戰士來說，這些高頭大馬
並不實用，因為牠們力氣雖大，但卻缺乏耐力，無法在巴勒斯
坦這樣的地方進行長途跋涉。

圖185 騎士出征。（14世紀）

在巴勒斯坦炎熱的天氣下，這些馬無法與駱駝匹敵，駱駝
很快成了西方騎士的心腹大患（圖186）。病死的馬比戰死的
馬還多。有位將領描寫道：「因為缺少馬匹，我們將行李裝備放
在羊、狗和豬背上。騎士們騎在牛背上，也是見怪不怪的場景了。」

讓騎士們驚奇的事還多著呢（圖187）。幾個世紀前，大
象曾讓古希臘的伊庇魯斯王皮拉斯聞風喪膽，十字軍的騎士們
如今仍是談象色變（圖188）。法國的聖路易斯第一次從巴勒
斯坦聖地回來時，曾經帶回一頭大象，但他似乎並不想養著牠
，正好他的表親、英國的亨利三世想要大象，聖路易斯樂得做
個順水人情，便於1254年把大象送給了國王。這是有史以來踏
上英國國土的第一頭大象，倫敦城為牠修建了40英尺長、20
英尺寬的巨大象舍。

圖186 十字軍在巴勒斯坦。

圖 187　撒拉遜人的詭計

圖 189　西班牙弗洛米斯塔地區的鴿舍，顯示出阿拉伯的巨大影響。

圖 188　戰象（13世紀）

圖 190　幼發拉底河畔
即景（17世紀雕刻）

　　十字軍帶回了許多珍禽異獸，比如後來遍布歐洲的灰野兔。
他們從東方學會了培育移植新作物的方法，學會了飼養鳥類，
特別是鴿子。阿拉伯人酷愛養鴿，無論大城小鎮，都有大型
的、寬長的塔狀鴿舍（圖189），成千上萬隻鳥兒棲息其中。
鴿子只需要在冬天餵食，其餘時間牠們會自己填飽肚子。一隻
母鴿每年產蛋10到12次。鴿子糞是很好的肥料，所以飼養鴿
子不失為一條生財之道。希臘人和羅馬人在養鴿方面略有改進
（圖190），但後來這些技藝在西歐幾乎完全失傳了。
　　儘管在十字軍東征中戰馬的表現不怎麼樣，但牠仍是中世
紀最受尊崇的動物，作為騎士征戰的伴侶，牠免受了牛、驢的

圖 191　宮廷貴婦在觀
看比賽。（15世紀，法國）

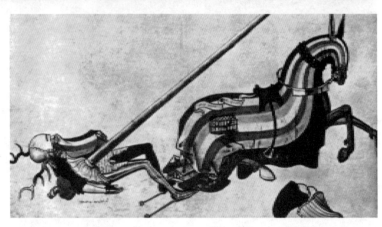

圖192　落馬的騎士（西
元1500年，藏於慕尼黑國
家圖書館）

勞役之苦。僧侶修士們出行時寧願騎著騾子，因為在馬背上顯
得過於傲慢。莊園主們對自己的馬匹恩寵有加，富家子弟要學
習的第一件事，就是照料馬兒。斯基台的酋長們死後要與自己
的坐騎葬在一起，中世紀騎士們對馬的感情也別無二致。儘管
教會禁止這種風俗，但在中世紀仍屢見不鮮。

　　後來，騎士間的決鬥又風行一時，在社交場合，男人們為
了心儀的女士而動輒拔劍出鞘。而作為體育活動的馬上比武，
其場面不亞於一場小規模戰爭，有時雙方出動的騎士達兩千人
之多。即使是在「百年戰爭」期間，為了馬上比武大賽，英法
兩國會暫時休戰，比賽一完，再接著繼續打仗。

　　漸漸地團體混戰式的比賽不時興了。宮廷的貴婦們喜歡欣
賞騎士們的單挑（圖191）。馬上比武演變成一種職業，騎士
們在各個城堡巡迴表演，展示其高超的馬上功夫，而且收穫不
菲：勝利者可以贏取對手的坐騎和盔甲，再開出天價讓對方贖回。

　　壯觀大型的錦標賽又分成多個賽項，每個賽項有兩個或更
多騎士參加。比賽到了白熱化時，使用兩類武器：一種是未開
刃的長矛和劍，一種是能致人死命的真傢伙（圖193）。戰爭
中難免單打獨鬥（圖194），比賽也讓人恍若置身真正的沙場。
但在高貴堂皇的騎士風範後面，是賽場上綿綿流淌的鮮血（圖
195），這種比賽最終被廢止。1559年，法國的亨利二世死於
賽場，也為這種風行五百年的殘忍運動敲響了喪鐘。

　　在歐洲，越來越多的騎士魂歸沙場。騎士羅伯特之死，表

圖193　戰鬥中的騎士

87

圖 194 馬上鬥士,一
人持矛和盾,一人持寬刃
劍。(12世紀石刻)

圖 196 科特賴克之戰(14世紀)

圖 195 騎士飲恨賽場。

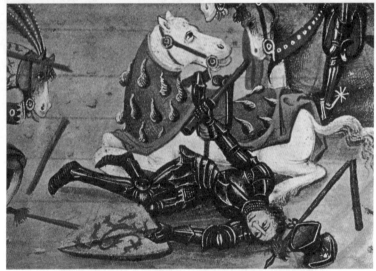

明笨重的盔甲已成為騎士的累贅。羅伯特生於巴勒斯坦,在義
大利等地戰績輝煌。1302年,法國菲力普王命令他前去平息北
部佛蘭德斯的叛亂。由於輕敵,羅伯特沒有動用步兵團,只率
領騎兵披掛出征,去踏平只有步兵的佛拉芒叛軍(圖196)。
沒想到剛一接敵,便中計掉到暗溝中,人仰馬翻。更糟糕的
是,騎士們披掛的不是鎖子甲而是笨重的金屬盔甲,一旦落
馬,在地面簡直舉步維艱,被佛拉芒步兵殺了個片甲不留。法
蘭西的騎士之花,就這樣在碧血黃沙中凋謝,羅伯特也一命歸
西。在聖羅馬諾之戰中,雙方激戰8小時卻無一傷亡,因為弓
箭手們對追獵野兔的興趣似乎大於參戰。義大利佛羅倫薩派畫
家烏且羅用畫筆描繪了這場戰鬥(圖197)。

騎士制度雖然隕落了，但騎士和馬仍有用武之地，因為各種形式的狩獵又成為風靡一時的運動，獵號在森林中到處迴響（圖198）。逐獵漸漸成了王孫貴族們消遣娛樂的一項活動，還形成了許多繁文縟節。英格蘭的整個新森林地區被平整養護，作為威廉二世的專用狩獵場地，偷獵者會受到極刑嚴懲。人們從狩獵中獲得樂趣，他們帶著獵犬出動，似乎是一邊在野外活動健身，一邊欣賞獵犬和野兔的追逐，倒不在乎最後的收穫多少。

　　到了中世紀末，在英法兩國，狩獵已成為一種有組織的運動項目，成群的獵犬被訓練嗅覺和追蹤的本領。狩獵成了一門藝術，一門科學。狩獵活動有嚴格的規定約束，而且一成不變。在指定的狩獵日，獵手們先兵分四路，在劃定的區域尋找獵物的蹤跡，並做好標記，再返回向主人或客人報告，然後全體狩獵者帶著獵犬奔赴集合地點，按照獵號的指揮開始捕獵，直到獵獲野物（圖199）。

　　法蘭克的君主們如此熱衷於狩獵，甚至把獵鷹和獵犬帶進教堂。517年，參議會通過決議，譴責這種冒犯天條的行為。從此以後，牧師僧侶們都被禁止養狗養鷹。但法蘭克國王克洛維有一次還多虧自己狩獵的愛好才取得勝利。有一天，在與西哥特人作戰時，他竟去追逐一隻鹿，結果偶然發現了一片淺

圖 197 烏且羅的《聖羅馬諾之戰》

圖 198　獵號齊
鳴。（14世紀）

圖 199　弗雷德里
克二世的狩獵（藏於
梵蒂岡圖書館）

圖 200　獵殺野
豬。（10世紀）

灘，使他出其不意地抄了敵人的後路，大勝而歸。

　　14世紀上半葉，法國兩千名領主都豢養著自己的獵犬。愛
好狩獵的聖路易斯曾經洋洋灑灑寫下六百行的長詩，記述獵鹿
的方法和過程。獵鹿風過後又開始獵野豬（圖200），這個項
目因為頗為危險而受到高度讚賞。

　　從法國北部阿登高地到喀爾巴阡山，所有歐洲的大森林都
是狩獵者的樂園（圖201），當地的居民可是苦不堪言、又怨
又恨，因為土地和莊稼也遭了殃。

　　國王和大領主們在狩獵上花銷甚巨，光是獵手們的衣著裝
備就所費不菲（圖202）。公主們也樂此不疲，因為正好可以
從宮廷的清規戒律和沉悶生活中解放出來。狩獵活動也產生了
不少新的詞彙，漸漸融入到人們的日常口語中。

圖 201 狩獵（15世紀）

圖 202　弗雷德里克王子
獵鹿圖（1529 年，維也納）

圖 203 馴鷹者畫
像（1767 年）

圖204 棲木上的鷹隼（弗雷德里克二世手冊插圖，藏於梵蒂岡圖書館）

圖205 鷹獵隊出發。（弗雷德里克二世手冊插圖，藏於梵蒂岡圖書館）

　　這樣的場景不足為怪：某位貴族進入教堂做彌撒，他會先走到聖壇邊，安置好胳膊上的獵鷹。這可不是獻給上帝的祭品，在當時，鷹享有尊貴的地位。這幅1767年的畫作描繪的是一個裝束齊整的養鷹人（圖203），表明對鷹的愛好並未隨著中世紀的結束而消滅。平時，養鷹人給鷹戴上眼罩，停放在自己胳膊上，並帶上厚手套以免被其利爪所傷，這種手套後來也成為高貴的標誌。攜鷹出獵是社交的良機，技藝高超的養鷹人備受讚賞，他們遣出獵鷹，緊隨呼號，直到捕獲獵物歸來，給鷹重新戴上眼罩，把牠放在心儀女士的胳膊上。法國的約翰王（1319-1364）的馴鷹技藝遠近聞名，在被囚於英國時，為自己的兒子寫出了養鷹藝術的專論。德國的弗雷德里克二世也是個中高手，他寫的馴鷹手冊，圖文並茂（圖204），堪稱經典。

　　帖木兒皇帝手下有兩千馴鷹者，若是哪頭鷹的表現不佳，馴鷹者可能就有當場掉腦袋之虞。

　　馴鷹首先要選鷹。除了鷹之外，隼可以用來捕鵪鶉和雲雀。東方的蘭納隼，在平坦的地區可以大顯身手；冰島的大隼頗受青睞，因為其凶猛和力量僅次於鷹。

　　一隻好鷹，應該頭小，有短而厚的喙，腳小而結實，爪利翼長。如果牠在胳膊上迎風而立，毫不畏縮，就是一隻好鷹（圖205）。

　　選好鷹之後，接著就是訓練。這可是一門複雜的藝術，不但取決於馴者的耐心，也取決於鷹的靈性。最常見的方法之一

圖207 張網捕鳥。（1405年）

圖206 用塗膠的泥罐捕鳥。（16世紀雕刻，法國）

是消耗法。捕到鷹後，立刻給牠戴上眼罩，兩天兩夜不讓牠睡覺，然後讓牠攻擊蘸有獵物鮮血的碎布，用皮帶牽著牠飛。經過幾個星期的悉心調教，鷹就可以用於捕獵了。

　　無數的皇家法令禁止普通老百姓參加高貴的狩獵活動，否則就會被罰款，甚至被鞭笞、囚禁。有位歷史學家認為，1789年的法國大革命，主要的起因之一，就是農民們不滿於禁止他們捕殺兔子的法律，這些兔子毀壞了他們的莊稼和菜園，再說長期以來，捕獵是窮苦百姓獲取食物的主要來源。禁止馴鷹，中世紀的農民們便發明了五花八門的捕鳥法，如引誘鳥兒將頭鑽進罐中無法脫出（圖206），或像古亞述人一樣，在鳥窩前鳥的必經之路上張網（圖207）。傻頭傻腦的野雞，被支起的籃框下的鏡子所吸引（圖208），輕易就上當了。但並非所有的鳥都笨到這種地步，獵人們只好採取其他辦法，比如披著動物皮，或穿上畫著動物的衣服（圖209），或模仿鳥叫等。有時獵人們在樹枝上塗滿松脂，有時在鳥窩邊藉助繩子繫著的活動叉子捕鳥（圖210）。人們不斷仔細研究動物的生活習性，琢磨捕獵牠們的更有效的方法，而動物們對人類的警覺也日漸加劇。

　　隨著心智開化，人們對動物的態度開始改變，開始捫心自問：人與動物究竟有何區別？動物是沒有感情和智慧的生靈，還是比人類更為高貴和聰明？在許多情況下，人類和動物都在犯著同樣的罪孽，受著同樣的懲罰。動物有靈魂嗎？在早期的學者間，這是一個爭論不休的問題，到了13世紀，人們似乎對此仍是疑慮重重，在法國思想家、散文作家蒙田等人的著作中

圖208 用鏡子捕野雞。（1379年）

可見到有關的論述。

　　人類首次開始滋生出對動物的理性關愛。蒙田譴責狩獵，反對野蠻對待動物，因為這會同樣導致對人類的野蠻行徑：「一旦羅馬人對殘殺動物習以為常，他們就進而會殘殺角鬥士們。」當狩獵風行的時候，他反對道：「當一隻無辜的、無助的、無害的動物被追殺的時候，我不能無動於衷。當我看到一隻牡鹿行將斷氣，眼含淚水乞求追殺者的場景時，我悲痛莫名。」但在那個人們熱衷於馴鷹捕獵的年代，他的聲音實在是太微弱了（圖211）。

　　中世紀的人們對捕獲的動物有著某些奇特的信仰。學者們和老百姓們繪製的奇特圖畫，上面既有科學的觀察，也混雜著稀奇古怪的傳說。比如，野豬被認為是一種有美德和勇氣的動物，牠會在樹幹上磨牙，還會吃一種藥草來使牙齒變得更尖利。在圖文並茂、流行一時的《狩獵之書》中（圖212），格斯頓‧菲布斯寫道，野兔是一種「出色的小動物，比起其他野獸來，獵捕牠們樂趣更甚」。他說，一個經驗豐富的獵兔者（圖

圖209　設計捕鵪鶉。（1555年）

圖210　使用黏鳥膠。

圖211　抓捕雛鷹

97

213），靠觀察兔子的行動就可預知明天的天氣。

人們對狼甚為恐懼（圖214），直至今日仍是如此。人們認為狼牙有毒，因為牠吃癩蛤蟆，狼走過的地方，就會寸草不生。人們都知道，狼喜歡在颱風時行動，這樣風會吹走牠的氣味，可以擺脫跟蹤的獵犬。獨行的狼會將爪子放在嘴前，發出群狼匯聚般的嚎叫，以嚇退威脅者。狼真是一種狡猾的野獸。雖然狼被視為不祥之物（圖215），但獵手們有時也保護飼養之，主要用於享受逐獵之樂。

在中世紀，人們幾乎每走一步都會見到蛇。人們相信蛇特別喜歡喝奶，牠們會四處尋找牛、羊甚至人的奶，會爬到嬰兒的搖籃裡搶奶喝（圖216）。人們似乎沒想到，其實蛇並沒有長著能吸奶的嘴。

蝮蛇極為狠毒無情。在交配季節，公蛇會把頭伸進母蛇嘴裡，讓牠一口咬掉。母蛇生下小蛇，小蛇又會吃掉自己的媽媽。冬天，蝮蛇在洞裡冬眠，但會在洞口留下毒液。春天醒來時，牠會用茴香摩擦自己的雙眼使之睜開。這類奇異的動物故事，說起來有板有眼，如同親見，人們也信以為真。12世紀以來，有關動物的故事寓言和詩歌多不勝數，商人們從東方帶來的古老傳說也煥發了生機。最出名的角色是列那狐（圖217）。

圖213 獵手（牙雕）

圖214 狼吃人。（16世紀）

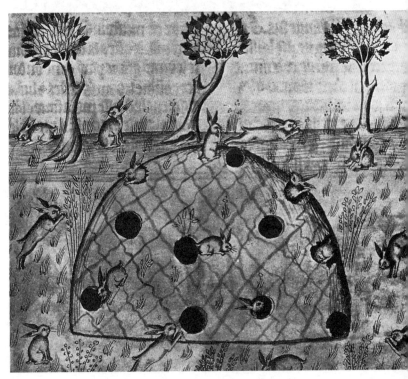

圖212《狩獵之書》插圖（1405年）

圖216　夏天讓嬰兒避開蛇的方法

圖217　狐狸對母雞訓話。（1492年）

聰明的列那狐一旦餓了，就在泥地裡打滾，伸出舌頭躺在地上裝死。當受騙的小鳥靠近時，牠就一把抓住。

牠的老對手是狼，牠們之間的較量象徵著機智和野蠻、被壓迫者和壓迫者之間的鬥爭。

中世紀的編年史學者描述綿羊是一種「溫順而善良的動物」。溫順的綿羊導致了許多血腥的廝殺，起因便是牠身上的羊毛（圖218）。在12世紀的西班牙，摩爾人從非洲帶回了一種長角羊，強壯而多產。在秋天，北方大群的羊被趕到更為豐饒的南方安達盧西亞地區，次年春天再回到北方。但當摩爾人戰敗後，這條遷徙的路線被封鎖，西班牙人以此為由，將摩爾人徹底趕出伊比利亞半島。長期以來，國家和地方都有專職的官員負責牧羊權，此事也引發了不少爭議。厭倦了無休止官司的牧羊人，最終自己成立了龐大而強有力的組織，爭到了可以在任何地方隨意放牧甚至為此可以砍伐樹木的權力。事實上，西班牙牧人的地位確實令人羨慕。他們的收入有金子和穀子，年產羊羔的1/5和乳酪的1/7歸己所有，還可以將自己的羊與雇

圖215　誘捕狐狸和狼。（18世紀法國雕刻）

圖218 剪羊毛（15世紀，
藏於羅浮宮）

主的羊混在一起放牧。在中世紀末葉，日漸增長的牧羊業在英國產生了更為深遠的影響。 1350年蔓延的黑死病，使人口由400萬銳減至250萬，勞動力的匱乏使得大片土地荒蕪。封建制度開始分崩離析，農奴們被束縛在土地上勞作、向莊園領主繳納什一稅的制度開始瓦解。自然而然地，許多地區，特別是英國的偏遠地區，人們開始從事獲利更豐的牧羊業。法國作家莫洛亞寫道：「這一明顯的變化，至少是大英帝國誕生的首要原因之一，因為羊毛貿易不斷增長，為了貿易出口的暢通必須擁有制海權，這便逐漸導致了孤立政策向海上霸權和帝國主義的轉變。」

圖 219 擠羊奶。（1340 年）

牧羊必須有草地和柵欄。在英國這導致了許多政治方面的後果。始於15世紀的圈地運動（圖219），到了18世紀末已經引發了不少政治風波，那些在圈地運動中失去土地的窮人，成為工業革命的生力軍。自然，在這一過程中，無辜的綿羊備受責難，托馬斯・莫爾在《烏托邦》中就寫道：「你們這些綿羊啊，如此馴順，食量又小；可現在我聽說，你們已經成了如此龐大和野蠻的貪食鬼，把人類都吞噬了。」

中世紀的人們關於羊的俗信是頗有趣的。他們認為黑羊和白羊會發出不同的叫聲。如果刺穿公羊的一隻角，牠的力量和速度就會喪失。當颳北風的時候出生的羊羔是最好的。人們認為山羊是用耳朵來呼吸，公山羊是動物中最具雄性力量的：牠的血熱得甚至可以讓鑽石破裂，所以人們也用羊血來治療結石病。

在中世紀，人們對蜜蜂讚譽甚高，因為牠是甜料的唯一來源。蜂箱必須時時加以照看，因為牠們的敵人就在不遠處蠢蠢欲動（圖220）。在城鎮或鄉村，人們對江湖藝人牽著的甚至家養的狗熊習以為常，人們相信牠的脂肪是有助於頭髮的生長的靈丹妙藥，為了獲取脂肪，必須痛打狗熊一頓。對狗熊的殘虐還花樣多多，其中馴熊的方法可謂達到了極致：當捕獲到熊後，將燒炭放在牠眼前，弄瞎牠的眼睛，然後用鐵鏈緊緊綁住，不斷痛打，直到牠聽話為止。此後，狗熊就成了好幫手，牠會踏動水車從井裡取水，幫助泥瓦匠用滑輪和繩子將大石頭拉升到腳手架上。在中世紀，城鎮裡的景象宛若鄉村，雞、鴨、兔、豬、鵝隨處可見。

圖 220 搜尋蜂箱。（16 世紀）

1131年，在巴黎的市中心，王儲的坐騎被一頭過路的豬絆倒，結果王儲的頭骨都摔裂了。一道聖旨隨即頒布：凡在街道上閒逛的豬，一律格殺勿論。但這樣一來，副作用立刻顯現：

當時城市裡沒有什麼排泄清污系統，而豬是城市垃圾挺不錯的清道夫。在農村，豬更是農家的頂樑柱。平日也不用花錢買飼料，帶牠們出去，讓牠們用鼻拱地找橡樹果吃（圖221）。到了秋天宰豬時節，人們舉行盛大的宴會，大快朵頤（圖222）。

大約在同一時期，馬開始充當新的角色。自從羅馬帝國崩潰以來，穿越歐洲的寬闊道路年久失修，野草叢生。中世紀的交通工具笨重不堪。當5世紀末克勞蒂爾德離開日內瓦下嫁法蘭克國王克勞威斯時，她是坐著牛車去的。到了10世紀，新發明使馬車大有改進：過去的軛迫使馬抬頭呼吸，大大削減了其拉力，新的馬具則套在馬的肩胛骨上。鐵掌使馬蹄的抓力增強，新馬具可以同時駕馭多匹馬（圖223），按照負載的重量增減馬匹。

由於信息傳播不暢，大約過了200年，這些新發明才被廣泛應用。不過一匹好馬的標準依然跟古時一樣：深胸闊蹄，壯耳厚鬃，短脊實脖，眼大如鈴，馬腿前長後短。

在法國勃艮第宮廷貴族的豪華居室裡，狗占有一席之地（圖224）。不久，弗蘭克斯一世發表宏論：「款待貴客之道應是：在他到達時，美女、駿馬、良犬能使他眼前一亮，喜不自禁。」考慮到彼時人們多少還在乎人與獸之間的區別，此高論似乎是言重了，宮廷貴婦們沒有微詞才怪。

在15世紀，有的良犬被封官加爵，甚至領取退休金。有時狗成了正義的化身。1371年，在巴黎聖母院附近有一個人被謀殺。死者的狗與被指控的凶手搏鬥，以勝負作為判決的依據。疑犯手持棍棒，而狗用桶蓋護身。結果狗贏了，疑犯被吊死（圖225）。當歌德當上魏瑪歌劇院的院長後，他禁止上演關於這隻狗故事的劇作，一來劇本欠佳，二來他也不喜歡這個故事，於是他立下規矩，禁止動物出現在舞台上。但不以為然的

圖223 使用新馬具的馬車，新馬具的優點一覽無遺。（1340年）

圖 221 豬尋食橡樹果。
（1365 年，法國）

王子在狗和劇院院長之間，卻選擇了前者。歌德於是立刻遞上辭呈，另外找了一個閒職。

中世紀末，叭兒狗風行一時。大小不一的西班牙的長毛捲耳狗、布魯塞爾小種犬、哈巴狗、義大利灰狗，蜷伏在美女佳人足下（圖226），或在戀人身邊的林間草地嬉戲（圖227）。蘇格蘭的瑪麗女王喜歡在冬天給愛犬穿上藍色天鵝絨的套裝。法國的亨利二世專門為狗烤製麵包，而亨利三世將愛犬裝在小籃子裡，吊在自己的脖子上到處走動，甚至走進教堂。亨利四世有好幾條狗，其中有一條每晚與他大被同眠（圖228）。

騎士制度雖已式微，但餘脈尚存。圖中的這位騎士（圖229）正在金羊毛慶典上遊行，他的外套和馬衣上，都飾有奇特的猩紅色獅子的圖案。古代希臘和羅馬人對動物圖案的徽章非常熟悉，牠們源於原始盾牌上用於區分不同部落和氏族的圖案，後來演變成某個家庭、國家甚至是某個朝代的徽記。

圖 222 殺豬圖

圖224 宮廷裡的狗（藏
於布魯塞爾皇家圖書館）

圖225 狗與謀殺主人疑
凶的搏鬥（1371年）

圖226 愛的魅
力（15世紀）

圖227 愛心的奉
獻（15世紀）

圖 228 床上的愛犬（彩色玻璃畫）

圖 229 金羊毛慶典上的
騎士（1430 年）

圖 230 書籍封面上的
公牛圖案（慕尼黑）

圖 231 向法國國王致
禮。（14 世紀）

公牛（圖 230）和獅子的圖案屢見不鮮，獅子的圖案源自東方：身形纖細，鬃毛飛揚，尾巴蜷曲在背上，右前爪抬起，這種形象的野獸又被稱為美洲豹。當英國國王因諾曼地領地事向法國國王致意時（圖 231），說道：「美洲豹向百合花鞠躬致禮。」獵鷹圖案受歡迎的程度不相上下（圖 232），很早以前，展翼鷹便是神聖羅馬帝國的象徵（圖 233），在 15 世紀的東地中海地區，牠又多次出現。牠是希泰人和拜占庭的榮譽標記。

這種家族紋章在歐洲風行數世紀。有貴族血統的家庭越來越多，當然其中不乏冒牌貨。在有的城市或國家，家族紋章已經不是貴族的招牌了。比如在日內瓦，任何人都可以隨意擁有紋章，只要它與眾不同即可。擁有紋章不再是一種特權，而變成一種社會習俗。各式各樣飾有花體字的獅子圖案，最為流

行。有時也畫在地圖上，作為一種象徵的圖案（圖234）。皇族間的婚姻或國家間的結盟產生了許多奇特的紋章，如大不列顛的紋章上的美洲豹被獅子代替，並與蘇格蘭紋章的獨角獸組合在一起（圖236）。

各個城鎮和國家都有自己的紋章徽記。1848年，當波蘭重獲獨立時，採用了波蘭王室曾經用過的傳統雄鷹圖案的紋章（圖235）。相傳波蘭人最初是克羅地亞人或斯拉夫人，他們在首領萊柯的帶領下，約於西元550年到達波蘭。當萊柯蓋房子打地基時，發現了一個鷹巢，於是他便用鷹作為自己的標誌。

當美國於1782年成為一個獨立國家時，在國徽圖案方面也沒有表現出太多的想像力。作為一位傑出的博物學者，本杰明・富蘭克林基於歷史和民俗的考慮，想用火雞作為新聯邦的徽記，但6月20日國會決定採用禿鷹圖案（圖237）。用富蘭克林的話說，這鳥「根本不配代表勇敢和誠實的美國」。其實禿

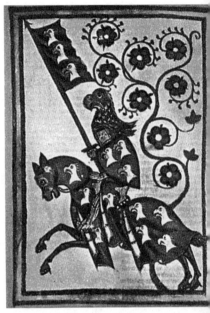

圖232　書籍封面上的鷹圖案

圖233　匈牙利的伊麗莎白

圖234 包括17個省的比利時雄獅地圖（18世紀木刻）

圖235 波蘭起義者的旗幟（1848年）

圖236 大不列顛的徽記

圖237 獨立戰爭時期美國的徽記（1783年）

鷹也是美國的特產，並非禿頂，只是鷹頭為白色而已。牠靠捕魚為生，經常偷食別的鳥捕到的魚。

有的國家選擇植物圖案作為徽記，但也常輔以動物形象。高盧雞與百合花差不多在同時成為法國的徽記。同樣採用百合花的佛羅倫薩人，在涼廊的入口還要放上一頭石獅，前爪踏在一個圓球上（圖238）。在費迪南四世1749年為連接兩個城堡而修建的道路盡頭，也矗立著一座巨大的石獅雕像，不過牠的腳下踏著兩個球。

1832年，在瑞士首都伯爾尼附近，發現了一座熊的小銅像，這是史前崇拜的遺留物。在德文中「伯爾尼」一詞，也表明了這座城市與熊的關係，那裡曾是狗熊出沒的森林地區。伯爾尼的城徽是一頭熊（圖239），有以熊為主題的慶典，慶典上關著熊的獸欄最為引人注目（圖240）。關於這座城市與熊的淵源，還有一個中世紀的傳說。相傳酷愛狩獵的博克托德公

圖240 8世紀伯爾尼城的
慶典遊行（1890 年）

圖238 佛羅倫薩涼廊前的石獅

圖239 伯爾尼的城徽

爵一直想為自己的新城市起一個名字，1191年，在瑞士中部的
阿勒河附近打獵時，他決定以明天的第一個獵物作為城市的名
稱。結果，次日的第一個受害者就是一頭熊。後來，在中世紀
的瑞士，如果有人說「在熊爪之下」，就是「在伯爾尼城君主
的統治之下」之義。

中世紀末葉，一對冤家對頭在北歐出現：貓和老鼠。與古
埃及早就盛行的貓崇拜不同，在北歐，家養的貓直至相當晚近
才多起來（圖241）。

野蠻部落的入侵也帶來了褐鼠，牠們在歐洲肆虐，又被威
廉公爵的軍隊帶到了英國。9世紀時，從巴勒斯坦歸來的十字

109

圖 241 德國最早的木刻之
一（1420 年）

軍船隊帶回了黑鼠，牠身上的跳蚤是可怕瘟疫的傳播者。中世紀的科學對此無能為力，結果在14世紀鼠疫使歐洲大部分人口死亡，人們只有束手待斃。未被傳染者想盡一切辦法保護自己，醫生們戴著面具和手套（圖242），但他們往往是首當其衝的受害者。苦修者成群結隊在街上行進（圖243），乞求上帝的拯救，但也是無濟於事。

老鼠的生命史頗為奇特：牠們彷彿有某種奇異的本能，促使牠們迅速遷徙別處，其中奧秘我們不得而知。今天，只有從那些嚙齒動物，如南美海狸鼠那裡，我們才或多或少知道牠們

圖 242 治療鼠疫的醫生
（1720 年）

圖 243 苦修者（15 世紀，義大利）

110

圖244 阿根廷的海狸鼠，其皮毛頗有市場

圖245 哈默林每年舉
行紀念吹笛人的活動。

圖246 博格斯城的一
部彌撒書插圖（法國）

遷徙的原因（圖244）。

　　雖然首批帶有鼠疫的老鼠是由船運而來（圖246），但更
多的老鼠從東方由陸路蜂擁而至，四處擴散。德國是受害最甚
的國家，從當時的一個故事中可見一斑：當哈默林城面臨大劫
時，一位吹笛手吹響樂器（圖245），將老鼠們引誘到河裡全
部淹死。由於市民們沒有嘉獎他，他一氣之下，又用音樂將城
裡的孩子全都引誘出走了。

　　像老鼠這般大小的動物，就能讓全歐洲數以百萬的人稀裡
糊塗命喪黃泉，難怪上至國王，下到庶民，個個心有餘悸，成
為腦海中揮之不去的夢魘。相比之下，在生活當中，還有一些
被人們忽略的動物。比如獨角獸，亞里士多德和普林尼對牠的
存在都堅信不移，其形象一般是前額長著長角的馬或山羊。牠
是童貞的象徵和守護者（圖247），其長角具有純潔的力量。
這一說法傳播甚廣，數百年來，都有買賣獨角獸長角粉末的交
易，國王將牠作為厚禮，老百姓不惜高價購買，祈望牠能包治
百病，帶來滾滾財源。甚至達·芬奇都忍不住煞有介事地描述如
何捕捉獨角獸的錦囊妙計：獨角獸一見到妙齡少女，就會被吸
引，將自己的頭放在少女膝上沉沉睡去，這時候就可以手到擒來
了。

圖 247 童貞的守護者

圖 248 獨角獸像

圖 249 少女與獨角獸

對於獨角獸到底是什麼模樣，中世紀的人們並不十分清楚（圖248）。通常牠被描繪成：大小和外形與馬相似，鹿首象足。前額長著閃亮的角，有4英尺長（圖249），尖利無比，可以刺穿堅硬的盔甲。在亞洲和非洲出沒的獨角或雙角犀牛、獨角鯨，以及許多錢幣和半浮雕上常見到的古代牛的形象，都與獨角獸有相似之處。

還有比獨角獸更為強大的神奇動物。一個人即使全副武裝，也難敵美人魚的誘惑。在伊麗莎白一世時代，誘惑過路希臘水手的海妖塞壬搖身一變，成了長尾美人魚，但其魅力有增無減（圖250）。哥倫布在航海日誌中，記述自己見過三個塞壬。與希臘羅馬時代不同，中世紀的海妖們不會飛翔，牠們的原型可以追溯到神話傳說中迦勒底的人魚奧尼斯，通常從水中現身的閃族月亮女神阿特戈提絲，自然還有希臘神話中的海中仙女涅瑞伊得斯。

比早期海妖更為美麗的美人魚，從頭到大腿部分是女人形，大腿以下是魚形（圖251），牠們用自己美妙的歌聲將水手們引向危險的深淵，其誘惑力令人難以抵擋（圖252）。據說，當海上航船遇到風暴時，美人魚們就聚集在船的周圍，一條美人魚唱歌，其他的美人魚或吹笛，或彈奏豎琴。當水手們在聲樂中漸漸入睡以後，美人魚們就爬上甲板，殺死並吃掉那些對牠們的誘惑反應遲鈍的水手。

17和18世紀的航海記錄中，有關美人魚的目擊記載不勝枚舉。在19世紀，精明的日本人用猴子和魚做原料，製造出一種「填充式美人魚」賣給歐洲的馬戲團，其模樣甚為滑稽可笑。

圖 250　雙尾海妖（浮
雕，西班牙）

圖 251　雙尾海妖（13 世
紀，法國）

圖 252　14 世紀英國一
部手稿中的海妖圖

　　今天的科學家們一致認為，哥倫布和其他水手們記載的美
人魚，實際上是海牛之類的海洋哺乳動物。我們不得不悲哀地
與美麗迷人卻並不存在的美人魚說聲再見了。

　　海妖危險無比，但至少外表美麗迷人。另外一些人們在戰
爭、饑荒、瘟疫威脅之下想像臆造出來的動物，則只是讓人恐
怖不已的魔怪了。人類似乎又離不開恐懼這種感覺，於是各種
人形或動物外形的魔鬼層出不窮，五花八門。最初，魔鬼是以
黑天使的形象出現，不管怎麼說還是個天使。後來，魔鬼變成

113

人形，這幅圖中飛翔的魔鬼模樣醜陋，長著蛇鱗和翅膀（圖253）。有的魔鬼青面獠牙，臉長在腹部（圖254）。這些魔鬼們雖然具有人類和野獸的特徵，但畢竟不是自然界實際存在的生靈了，牠們只能在人類的心靈和想像中覓得棲身之地。

三、 動物爲伴

　　在東方，人與獸學會了共存，尤其是駱駝和大象，
牠們是忠誠的奴僕、朋友和戰士，同時也是天與地之間的
使者，甚至是神明，因爲人類的生活常常依賴牠們。無比
聰明的猴子自然也享有尊貴的地位，牠是人類最近的親
戚；對於龍，人們更認爲牠能帶來幸福和好運，尤其是在
中國。而蛇，比如眼鏡蛇，則是強大的魔鬼，甚至當牠面
對其天敵貓鼬時也是如此。野馬依然居住在亞洲中部，牠
們世代生活於此，無論是戰爭還是和平年代，始終是人類
的伙伴，而且常被人類奉若神明。獅子是中國獅子狗的祖
先，中國人也是最先餵養金魚之人。鬥雞雖然有些殘酷，
卻也是頗受歡迎的運動；而狩獵雖有殘酷的一面，倒也頗
爲壯觀。人有時也是被獵的對象。一些動物，比如烏龜，
則由於被當做美食而瀕臨滅種；印度的牛除外，牠們因爲
是神聖的動物而受到保護。

圖255 經過風宮遊行隊列的單峰
駱駝（17世紀印度齋浦爾大君墳墓上
的浮雕）

圖256 經過哈瓦大君的大象
（印度齋浦爾風宮，1901年）

這些圖片為印度齋浦爾美麗皇宮的景象，其中包含了兩種既奇特又高貴的動物，牠們是亞洲及非洲人民生存的依靠。駱駝（圖255）和大象（圖256）出自亞洲，直到羅馬時代單峰駱駝或競賽駱駝才生活在北非的國度。最先依靠駱駝來供給生活必需品的諾曼第部落使用的是雙峰駝。這種駱駝遍布各地，從北京到克里米亞半島，從印度、土耳其到中亞都有牠的蹤跡。牠不喜歡過熱及乾燥的氣候，卻能在風雪和極度的寒冷中應付自如。單峰駱駝則由於通常沒有雙峰駱駝那又厚又粗的皮毛而大都待在沙漠的家中。牠出自印度、波斯和阿拉伯等恆河及西奈半島之間的熱帶地區。

亞洲人在歷史上很早就發現如何使用大象耕地。歐洲人看到一頭三四噸重的大象綁著犁耕作很驚奇（圖257），因為在西方是驢拉犁。但實際上大象不如人類或別的畜生能負重，其承載能力不及其本身重量的一半。儘管大象能拉著6-8噸重、40尺長的柚木走過好幾哩崎嶇不平的路，特別是在早晨太陽剛剛出來較涼爽的時候，但實際上牠能拉動的重量大概是100英擔（圖258）。印度象比其非洲同胞小，而且幾個世紀以來繁重的半家畜生活已經使牠的肩膀非常結實，而象牙卻不太發達。當然無論是印度象還是非洲象，其鼻子都是極其敏感的觸摸和嗅覺器官。一位中世紀的作家推斷：「大象在嘴巴前面有一條長長的管子，由於牠太高，嘴巴接觸不到地面，因此通過管子傳送食物。」而羅德亞德·吉普靈在《僅僅是故事》一書

圖 257 綁在犁上的大象（選自塞伯・穆斯特的《宇宙志》，1552 年）

圖 258 搬運木材的大象（印度）

中卻有另一番解釋：「在遠古時代那隻最受喜愛的大象並沒有如今這樣的象鼻。牠只有一個象靴子般大的黑鼻子，可以左右扭動，卻不能舉起東西。不過牠的一隻小象跑到灰綠色森林波河岸上，牠向鱷魚要飯吃。鱷魚就拉著小象的鼻子，拉呀拉，直到拉成現在的模樣。」

現代古生物學家已經證明以上說法至少有些真實的成分。一隻大象祖先的化石由於是在位於尼羅河盆地以西法尤姆窪地的摩伊羅絲湖所發現，因而得其名。

牠的大小相當於一匹小馬，並帶有吉普林所描繪的大鼻子。4 萬年之後這種動物已長成龐然大物，牠的頭是如此之大，若是沒有那個巨鼻恐怕無法餵飽自己的肚子。

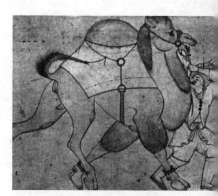

圖 259　16 世紀的單峰駱駝（藏於美國克利夫蘭博物館）

單峰駱駝（圖 259）的長而柔軟的腿使牠能夠在恐怖的沙漠走過長長的路而不顯疲倦。躺下時牠身上那奇怪的斑點會變硬以保護牠的腳和胸，以免受地上火辣辣的熱沙燙傷。但是最使人類感到驚奇的是在沒有食物和水的情況下牠能生活很長時間。在古代人們相信牠身上分別有五個胃，而實際上牠只有一個，只不過分了三個部分。第一個部位由特殊的細胞組成，具有吸收和儲存大量水的能力，堅韌的食道使牠輕易就能吞下沙漠中帶刺的植物，而這些植物無疑帶有大量的水分。

對生活在沙漠上的人來說，這個流動的存水箱差不多可供給其身體所需的水量。

這種有耐性的動物可被使喚到其生命的盡頭，既可作為運輸工具，承載 800 英擔以上的重物，也可耕作於田地裡（圖260）。駱駝肉通常是人們的主食，而駱駝的糞便更是用不完的燃料。即便是在今天的阿拉伯國家裡，衡量一個人的財富是其擁有駱駝的數量。女兒的嫁妝是駱駝，對尊貴的客人也贈送駝峰，上面披著一張厚厚的白皮毛。

圖 260　原始農業（1950 年，摩洛哥瓦利蒂亞）

圖 261 在洗澡的單峰駱駝亞丁。阿拉伯半島的每個地區都有自己的品種，而且被認為是世界上最好的品種。

圖 262 印度象特別偏愛水。

　　駱駝和大象有一個共同點：牠們都是主人忠實的朋友和伙伴（圖261）。騎大象比騎駱駝難，因為前者沒有後者溫順的性情，且身體脆弱些。訓練和養護一頭大象需要主人無窮無盡的呵護和耐心。故此一頭大象通常都有兩個人養護，有時還會更換主人。人們除了和牠一起勞作，還需花上幾個小時給牠洗澡（圖262），並且費很大的勁給牠做飯菜。養象人和大象終身為伴，因此彼此之間的溝通不需要語言。

古代社會的土著民族很少使用駱駝，甚至到今天，那些不靠駱駝生活的人對牠還有一些討厭。駱駝從沒在埃及的象形文字中出現——也許是因為駱駝是希克索斯入侵者的主要武器——希伯來人可能也由於類似的原因而認為駱駝不純潔。

戰士們把駱駝帶進戰爭，牠們從亞洲被趕進撒哈拉沙漠，而土耳其帝國的軍隊走到哪裡駱駝就被趕到哪裡。除了阿拉伯人以外，其他民族也把駱駝用於戰爭，逐漸地火藥代替了長矛（圖263）。到17世紀，土耳其駱駝被裝上大炮（圖264）。

1772年在國王穆罕默德統治下的阿富汗曾經打算把可移動的軸承繫在駱駝上，然後用舊式小炮來對付波斯軍隊。

幾個世紀以來駱駝和大象一直是戰爭中不可缺少的盟軍，蒙古的開國者布伯皇帝常講述蘇丹伊布羅希姆的軍隊如何擊敗人數遠遠超過他的阿里汗的故事，他取勝的原因僅是有一隻大象走在前面，給敵軍製造了恐慌。

把大象當做移動堡壘的思想在整個歐洲都很流行，儘管其實際效果比不上故事中的傳說（圖265）。人們很喜愛馬可·波羅記錄的關於忽必烈汗打敗叛軍諾恩的故事：「他在一個巨大的木製堡壘中就座，帶著四頭大象，每頭大象都披著金色的硬皮革服飾以護身。碉堡內有多名射手及屈身下跪的人，頂上是用太陽和月亮裝飾的皇帝帳篷。」

用大象作戰的戰術不斷地得到改善，同時對手也懂得用尖

圖263　大約1895年左右的東非戰士

圖264　1690年土耳其軍隊的單峰駱駝

圖265　大象堡壘被圍攻。（選自16世紀初耶耳羅尼姆斯·博茲的奇特雕刻）

119

圖 267 約旦的阿拉伯軍團支隊繼承了沙漠作戰的老傳統。

尖的木柵欄把營地圍起來,一頭插在地裡,另一頭向上豎起。軍用大象是現代坦克的原始祖先,即隨著一次次的戰爭,牠的盔甲越來越厚(圖 266),直到後來牠的頭和身軀都被套進堅固的金屬套裡。象鼻被裝上長刀以砍倒攔路者,象牙上也有毒刺。

軍用大象那可怕的外貌與現代駱駝軍團的尊貴形成鮮明的對比(圖 267),但兩者都有同樣悠久的歷史。波斯的塞魯斯之所以能夠打敗克里薩斯,靠的是他的駱駝——傳說由於敵軍的馬忍受不了風中吹來的駱駝的味道,落荒而逃。斯巴達國王阿傑西雷斯憑藉騎在駱駝上的軍隊擊敗太斯馮尼斯手下的波斯部隊,安太阿卡斯也以同樣的方法打敗羅馬軍。這些騎軍射手身上的劍帶有 4 腕尺的薄刀刃,以便坐在單峰駱駝的高背上能刺到敵人。幾個世紀之後的1799年拿破崙到達埃及時,也採納當地的戰術而組成駱駝軍,主要用於偵察。

1814年俄軍進入法國時出乎法國人的意料帶著雙峰駝。不

120

圖266 射手正在攻擊一頭作戰大象。（選自曼奴奇《印度史》，巴黎）

圖268 駱駝騎兵支隊在逮捕走私者。

過在此之前已有先例：4世紀當哥特人越過多瑙河盆地時，他們不僅騎著馬，而且還駕著從蒙古掠奪而來的大量駱駝。

甘尼斯（圖270）是戰無不勝的象中之王，而且經過一系列奇特的過程之後成為印度神濕婆和帕爾羅蒂之子。事情的經

圖 269 阿克巴大帝在追趕大象。（1561 年）

圖 270 甘尼斯（勒利德
布爾帕坦皇宮的雕刻，尼泊
爾）

過是：有一天帕爾羅蒂因為在洗浴時其夫悄然出現而不悅，她
用身上的露水和灰塵混合變出一個英俊的青年人，並讓他守
門。濕婆到來，和英俊的保鏢狠狠地吵了一架，並把他的頭砍
了下來。帕爾羅蒂氣憤之極，濕婆不得不走出去，他要把碰見
的第一個生靈的頭砍下來，這時恰好一頭大象經過，於是大象
的頭就被砍下安在年輕人的身上。

在印度教中，由大象頭和人身結合的甘尼斯形象象徵著無
限大和無限小的統一、宏觀和微觀的結合。他騎在一隻老鼠身
上，由於自然的一切都包含在他身上而顯得很肥大，並且為了
辨別人們說話的真正價值而長著巨大的耳朵。

先知穆罕默德把許多的威力都歸功於駱駝，正是因為騎在
飛速奔跑的駱駝背上，他才能及時到達麥加而避開其憤怒的同
胞，這個事件成為穆斯林曆法第一年的標記。當他接收伊斯蘭
啟示的時候也騎在同一頭駱駝上。因此駱駝（圖 271）是伊斯
蘭最古老的盟軍之一。「誰能給駱駝又好又乾淨的草，真主就
會記下他的善舉，並按駱駝所吃的草葉數量來報答他。」

不過兩種動物相比較而言，還是大象和宗教的聯繫更密切

圖 271 人和動物組成了
一頭神奇駱駝，由一位美女所
騎。

123

圖273 哥達克的拉姆·辛格首領及其子查特首領在莊嚴的遊行隊伍中騎在大象背上。一位舞者在象牙上表演節目。（1850年）

圖272 人形大象

圖274 在隆重遊行的場合，必須給大象畫上傳統的面飾。

些。當神靈拜訪即將生下菩薩的皇后時，她正在夢中。這時她看見長著6個象牙的一頭大象從天而至，入其右側……護持神的陸地化身克利須那神年輕時長得非常英俊，以至牧羊女被其外表所迷，用自己的身體組疊在一起，形如大象以供他駕馭（圖272）。

皇家的大象則為國王的裝配，象徵著權力和統治。印度傳統認為大地由大象背所支撐。經過那可怕之夜以後，惡魔從馬唐吉撤退，接著大象帶來了和平、寧靜和繁榮。在南亞所有世俗的宗教遊行中大象都扮演主要角色（圖273）。

「1200頭著裝華麗的大象如軍隊般列隊，中間是100個象轎，這裡是長官出現的地方，他所騎的大象比其他的都大，轎為金色的飾著寶石之座。」這裡摘錄的是1795年一位印度官員的婚禮，王侯將相的盛大場面可略見一斑。

大象常常被畫上油彩或刺上花樣（圖274），以使其更突出，並且根據騎者尊貴的差別對大象實行非常嚴格的挑選，標準包括大小、承載能力、尾巴的長度、象鼻底部的寬度、顏色以及是否為純種。

在這方面大象也比駱駝更有優勢，駱駝在宮廷生活中的地位從來都較卑賤，即使在波斯時代也如此（圖275）。穆罕默德被認為在其流放期間把秘密中的秘密、即第一百位真主的名字透露給他的駱駝，從此便在駱駝中流傳，因而牠們才都有傲慢的表情。但即便如此駱駝也得不到大象的威嚴。白象雖然實際上只是一頭普通的白變體，卻被看得非常神聖，只有國王才能騎上牠。白象被著以稀貴的服飾並餵以非常豐富的食物，以

圖 275 西元前 5 世紀薛西斯國王樓梯上的淺浮雕,位於古波斯都城波斯波利斯的阿爾帕丹娜。

圖 276 一位西方外交官正在登上一頭大象。

圖277 17世紀在土耳其的西方遊客(選自赫斯一卡塞爾地區圖書館,德國)

致有些死於消化不良。牠們很小就被捉來並用人乳餵養,任何人若抓到一隻白象都會被重金獎賞,甚至連那個來傳遞消息的人都會很富有,他的嘴巴、耳朵和鼻孔都會塞滿金子。 1926年,為了給暹羅國王運去一頭白象,還使用了裝有淋浴和通風系統的專列。歐洲人對這樣的典禮常常感到不習慣,尤其是應邀作為官員參加的時候。當一位現代大使被邀請騎到一頭典禮上的大象時(圖276),可能會和那些17世紀時騎在駱駝上的遊客一樣感到不自在(圖277)。

圖 278 坐落在恆河邊上的
印度聖城貝勒斯的猴廟

猴子不如大象壯觀，在亞洲的大部分地區也更普通。在印度有專門的廟宇供養猴子（圖278），僧侶們餵養的方式與古代埃及極為相似。據說在叢林和城市的郊外有1億5千萬隻猴子。沒有一個印度人敢對牠們動一個手指頭，或者企圖把牠們從田野裡趕出去。雖然猴子有破壞作用，1950年據估計其毀壞的金額達到每年600－1600萬英鎊，但是猴子還是被當成神聖貴賓來款待。不過以上的這個數字也迫使人們發起了一場反猴子的戰爭，這被認為是截至當時為止最為嚴重的褻瀆聖物行動。

與非洲猴一樣，亞洲猴也被分成許多種類，從最小的到如人一般大的，遍布南亞。最先研究這些猴子的是18世紀的法國博物學家布封。他寫道，最像人的猴子是一種叫阿連奧連的，此名在印度語中意為野人。他把阿連奧連分為兩類，較大的那一類在比例上類似於人。布封引用一位當代旅行家的記錄，認為阿連奧連實際上比人高大，像巨人一般，並具有人的一些特徵，眼窩深，頭的兩側長著稀落的捲髮。牠與人的唯一區別在腿上——牠沒有小腿。儘管在智力上牠比別的動物要發達得多，但也不會說話。當人們在叢林裡生火的時候，阿連奧連會跑過來，圍著火取暖，但就是不會自己生火。最使布封百思不得其解的是這個印度猴能伸出手歡迎客人並與他們一起走路，還會打開餐巾擦嘴，使用湯匙和叉子，還會給自己的杯子裡倒飲料，和別人乾杯：這些把大眾逗樂的猴戲使可憐的布封困惑不已。

猴子不僅在其本土是具有傳奇色彩的動物，而且對遙遠的歐洲人來說也帶有神秘色彩。在所有亞洲國家的宗教神話中猴子扮演著很重要的角色，從印度到西藏，各地都流傳著相似的故事。比如在日本就有著名的猴子打仗的故事，這常常是畫家喜愛的主題，其中小猴用其長長的手臂去撈水中之月的場景頗有詩意。西藏人認為他們是猴神哈奴曼的傳人，而哈奴曼則是羅摩的同盟，他和克利須那神——毗瑟拿神的另一個化身——一起經過一系列激烈的戰鬥，最終把羅摩的新娘子西塔從惡魔盧瓦納手中奪回來。

在許多印度廟裡可以找到這位忠誠猴神的形象（圖279）。通常他的胸口都敞開，裡面是羅摩和西塔重逢之景。供毗瑟拿的神廟中常有哈奴曼之位作為友誼和忠誠的象徵。儘管猴子有破壞的劣跡，但是這些禮拜儀式足以表明其所獲得的尊敬。在一些地方甚至有信徒模仿哈奴曼吃飯的習慣，就像當年羅摩為了尋找奴僕對主子效忠的感受而化身猴神一樣。

此類信仰，以及一些西方觀察者信以為真的表現，對人猴

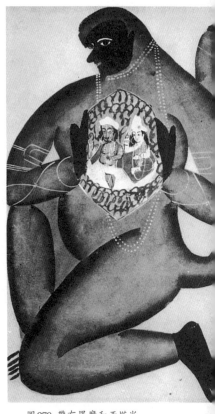

圖279 帶有羅摩和西塔肖像的哈奴曼（西元19世紀）

圖280 塔拉斯貢的紀念典禮:一條老龍,穿行於人潮中的羅納河。

圖281 在中國的10月國慶節仍有傳統的舞龍,伴隨著紅旗和標語。

傳說的形成產生了一定的影響。西元前5世紀的一位希臘醫生就曾提到過有帶鬍子的半人半獸的東西「住在印度的山裡」。第一位詳細描述這些哈奴曼猴子的歐洲人是梅格西尼思,他是塞魯瑟地大使,訪問一位名叫長左古普拉的印度王子,這位王子也在錫蘭待過一段時間。在他的描述中也有一些臉部像人的、動作敏捷且極為淘氣的「半人半獸」之物。這種把類人猿和原始部落人或小矮人混淆起來的現象在阿拉伯的故事傳說中也曾出現,而且在南亞和印度尼西亞一帶一直流傳。直到1629年一位英國的解剖學家在給一頭黑猩猩做解剖時還稱之為「小矮人類」。

中國畫和花瓶圖案裡常有一隻鼻子短平、長相淘氣的猴

子，中國人認為猴子能帶來健康、成功和平安。但是直到1870年法國的傳教士和自然學家阿爾曼德·大衛神父才在西藏一帶真正遭遇這個神話般的動物。這種猴子實際上已消失，而且沒有人能夠成功地逮到牠。這使人想起西藏民俗傳說中神出鬼沒的「雅提」，即雪人或熊人。據說此物在喜馬拉雅山上吼叫，人們看不見牠，只能找到牠的腳印。

儘管各色各樣的龍可能傳自遙遠的東方，但牠的形象早已遍布歐洲各地。傳說有一條龍藏在羅納河中游靠近塔拉斯貢一帶的一塊石頭下，當地人把抓住龍的那天當做節日慶賀（圖280）。不過龍在遠東的歷史更悠久，而且東方人有關龍的傳說比西方更多。即使在當代中國也有精心製作的紙龍遊街過巷（圖281）。

這種龍通常都是帶有翅膀的爬行之物，可生於海裡、河裡、洞穴或沼澤地，長著大牙，一雙可怕的大眼睛瞪著沿路觀看的人群（圖282）。

劇院中的龍則有人之形，長著長長的鬍子和眼睫毛，臉上帶著色彩斑斕的面具。對於傳說中龍的存在，學界通常由於認為沒有什麼科學的根據而把牠歸結於夢幻的世界，認為牠與出現於原始沼澤地、後來演變成鳥類及哺乳動物的史前巨獸沒有關係。學者們認為人們讓龍長出雙翼以顯得更可怕，牠一旦發怒任何生物在天地間都無藏身之地。但是在近些年很多博物學家對這種推斷開始抱謹慎的態度，因為新的發現不斷地揭示一

圖 282　這個可怕的龍面具來自東印度群島的巴厘。

圖283　這是在慶祝中國農曆新年時，紐約街頭的一條現代龍。

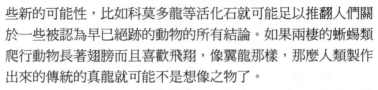

圖284 北京故宮大龍牆之景。龍是威力的象徵，具有呼風喚雨之力。

些新的可能性，比如科莫多龍等活化石就可能足以推翻人們關於一些被認為早已絕跡的動物的所有結論。如果兩棲的蜥蜴類爬行動物長著翅膀而且喜歡飛翔，像翼龍那樣，那麼人類製作出來的傳統的真龍就可能不是想像之物了。

龍經常和埋藏的財富有關聯。卡德摩斯殺死了一條龍，牠是阿瑞斯的後代，為的是給底比斯城取水。赫爾克里斯也結束了守護金蘋果園之龍的生命。阿波羅神最早的功績是消滅了守護著神廟的那條可怕的龍：巨蟒。在埃及和巴比倫，阿波羅神的前輩何露斯和馬杜克則與「黑暗的大蛇」相戰並打敗了牠。

當中國人求雨時，他們用紙和木料做成一條巨龍沿街遊行，不過若求不到雨，他們就把龍毀了。中國人無論到世界的哪個角落都帶著他們的龍，這裡便是一張他們在紐約街頭慶祝中國新年的圖片（圖283）。

龍的流行基本上是從東方傳到西方的，而在歐洲傳說中出現的帶翅膀的巨獸則可以從中亞或南亞，甚至遙遠的中國之商道上覓得其蹤跡。即使說歐洲龍是本地龍，牠們也肯定受其東方的同類所影響。在歐洲羅馬式的藝術中，據 J・鮑爾楚塞提斯所說，龍是「一條既沒有翅膀也沒有腳的大蛇，或者是一隻帶有蜥蜴尾巴的鳥」。13世紀時成吉思汗打仗一路打到奧得河及多瑙河，征服了整個波斯，他從遠東帶來了龍，於是哥特式的歐洲龍有了翅膀，隨之而來也有了龍的威力。

一隊青年人抬著一條龍漫步而走，龍是由一個木架子糊上織物和紙做成的。其他人則揮舞著繡有龍的錦旗或寫著求雨標題的各種旗幟。這是中國傳統的求雨儀式。在每年的四月中國人都會模仿龍出水的場景，兩隊人在河中跋涉，邊走邊舞，然後來到求雨的祭壇上祈禱。

圖285 北京紫禁城中金光閃閃的巨獅

圖 286　北京紫禁城中金光閃閃的巨獅

圖287 眼鏡蛇皇后

圖288 當眼鏡蛇伸出頭來時，顯示出牠著名的頗為壯觀的標記。

中國龍和西方龍不同，牠通常非常慈善。牠是皇威的象徵（圖284），是人和自然力量之間萬能的使者。龍代表著整個宇宙中最有力量的陽，因此牠自然有調水之力，而水則是萬物生長的源泉。所以龍會用牠那長長的尾巴，依照人的需要呼風喚雨，給人類帶來五穀豐登。由地形學系統而來的風水說認為各色各樣的地形有著和星座一樣的重要性，因此應該以同樣的方法理解。J·鮑爾楚塞提斯寫道：「地球的外殼受神秘力量所移動。這些力量分為兩種，一為陽，一為陰，而青龍代表陽，白虎代表陰。從地面的輪廓可清楚地看到，自然和牠們一起同呼吸共生存。連綿的山代表龍的軀幹和四肢，崎嶇的石代表龍的血脈和動脈。」任何地方都受制於龍，所以找出牠的精確位置十分重要。於是地表的任何不平靜都影響著住在那裡的人及其生活。

傳統的中國龍是一個極端複雜之物：牠有駱駝頭、鹿角、兔眼睛、牛耳朵、蛇頸、青蛙肚子、鯉魚鱗、鷹爪和虎趾。事實上，龍是簡化的四足動物，頗像長在長江下游的中國鱷魚，這種動物已絕種。清朝皇族旗幟上的龍就是這種形狀，牠在北京城樓上飄揚，直到1912年民主革命到來。中國皇帝有權使用五爪龍做飾物，而四爪則是太子及朝廷官員的象徵。

圖 289 蛇形標記之牆（埃及的佐則廟）

守衛著皇族財寶及皇宮的不是龍，而是特製的巨獅（圖286），牠們蹲坐在大門口的樣子足以嚇倒成年人，不過這種獅子今天已成孩子熟悉的玩物（圖285）。

從恆河到尼羅河，眼鏡蛇都是蛇中之王。在印度和埃及的傳說、藝術和文學中，牠代表著萬能的神的形象（圖287）。

埃及的蛇形標記是一條頭直立的母蛇，牠被用作國王及神的頭飾，而且經常出現在神殿的牆飾上（圖289）。牠是火焰的標記，皇權的象徵和保護者。諾吒，即印度眼鏡蛇（圖288）也由於牠熟知地殼下面的情況而被當做聖物。

諾吒是古代德拉威教派的圖騰，直到最近，在印度的南部

圖290 盤繞著一隻狼的蛇
（西元前4世紀西伯利亞的金
版，塞西亞作品，藏於列寧格
勒博物館）

圖292 緬甸仰光的馴蛇
者，她對眼鏡蛇的毒液或魔鬼
般的脾氣毫不畏懼。

圖291 蛇在吞噬一條
魚。（1860年，印度）

還有一些部落像古代埃及國王那樣戴著有蛇形標記的皇冠。在
多教派的印度，諾吒的地位很重要。牠們作為半神半人之物與
神極為接近。據說牠們有三個、七個或十個頭，能變成戴珠寶
和皇冠的漂亮青年。牠們住在地下的蛇世界裡，那是一個有房
子、塔和花園的大王國，首都是極樂之城波格瓦提。不過牠們
也住在地面上，在山裡神秘的洞穴中安家。這些諾吒給人們帶
來雨水和富足，因此人們在湖或水庫邊為牠們做了雕像。

　　當毗瑟拿睡著時，地球就散了，重新變成大海：這時萬能
的神歇息在一條巨蛇身上，它叫安納塔（無邊的神），或叫舍
沙，是永恆的象徵。

　　舍沙是萬物的保護神，牠對創世紀也有貢獻。洪水過後，
眾神把它當做繩子綁在山上以攪動大海，從中撈出永恆之液、
幸運女神、酒神、仙女、神馬、天上的珠寶、天堂的黎明、富
足之牛、忠誠的大象、響螺、弓和魚。蛇還是濕婆的項鍊，而
由於生命從死亡中來，因此濕婆是毀壞一切又創造一切的可怕
之神。

　　亞洲的蛇實際上並不擁有神話傳說所賦予的所有神力，而
這幅發現於西伯利亞的金版（圖290）卻描繪了另一番景象，

畫中一條巨蟒正在盤繞擠壓著一隻狼，這顯示了在遼闊的大草原和陡峭的森林原野中大自然給遊牧民族所帶來的種種恐懼。

這種景象的更為可怕的一面是，在很長一段時期內人們都認為，這些巨蟒（包括美洲蟒蛇）擠壓其獵物的目的是把獵物的骨頭壓碎，使其變為軟綿綿之物以便容易消化。現在我們知道，儘管這些巨蟒力大無比，但是牠們擠壓獵物的目的是使牠們窒息和心臟衰竭，然後死去。

圖 293 貓鼬與蛇

雖然亞洲也有這些冷血動物所喜愛的熱帶潮濕氣候，不過分布在世界各地的2500種不同的蛇中，亞洲比非洲和美洲都要少。當亞歷山大大帝到達印度時，其士兵被許多不同種類的蛇所嚇倒。據說這些巨蛇的眼睛比馬其頓的盾牌還要大。另一種傳說則是，蛇用催眠術來麻醉獵物。其實實際情況可能是，由於蛇沒有眼皮，所以從牠較窄的瞳孔射出的冷冷的眼光讓人不寒而慄，而使獵物麻醉的是蛇的毒液。

馬可‧波羅對蛇很著迷，當時蛇在亞洲比歐洲更普遍。「為了捕蛇，獵人們在蛇道上設陷阱，因為他們知道蛇會沿著原路返回。他們在地裡深埋了一根木樁，並捆上一把刀。然後用沙埋起來以免讓蛇看到。結果蛇經過時被從腹部切成兩半而死。接著獵人把蛇膽取出，可賣出好價錢，因為蛇膽可做藥，如果有人被瘋狗咬傷，飲下一些蛇膽，哪怕只是一丁點兒，其傷口也會馬上治好。如果婦女不能懷胎，飲下同樣量的蛇膽，也會立刻見效。」

水蛇（圖291）（請不要與後面所講的海蛇混淆）在南亞極為平常。此為有毒之物，其身體和尾巴平直如鰻鱺，故牠們不能在陸地上滑行，但是能在水中一口氣停留數小時，捕魚時能潛水達 100 英尺之深。儘管如此，眼鏡蛇（圖292）還是蛇中之王，印度民俗的傳說和信仰也為牠增添了不少的光輝。眾蛇中牠的外貌最顯著，特別是當牠惱怒而直立時，其頭部可擴至頸部。頭上的印記形成兩個圓形，看上去頗像一副眼鏡。眼鏡蛇的頭號敵人不是人而是貓鼬。貓鼬是熟悉的家禽，在和其天敵（圖293）的戰役中很少失手。關於貓鼬的武器有過不少的推測，牠和豬或者刺蝟不同，對蛇的毒液具有免疫能力。牠的防禦武器是極度的敏捷、具有欺詐性的厚皮、和針一般尖的牙齒。貓鼬的技能削弱了蛇的光芒。

貓鼬雖然是蛇的剋星，但是如果任其數量不斷地增長，打破了自然的平衡，其結果卻是災難性的。在1872年印度的貓鼬曾被引進牙買加，目的是消滅當地的老鼠。結果雖然老鼠被消

圖294 馬形的花瓶（西元前9世紀）

圖295 葬禮上祭酒之瓶

圖296 這些在蒙古高原上吃草的馬是一種名叫日瓦爾斯基的野馬之後代，牠們是亞洲僅存的幾個品種之一。

滅了，同時差不多所有其他的小動物——如小羊、小豬、野鳥和烏龜等也不能倖免。這種動物也曾在1850年被引進馬提尼克島以鏟除毒蛇，然而卻對鳥類的生活造成如此的威脅，以至貓鼬不得不被滅絕。這是早期自然平衡被破壞的教訓。

關於人與馬的關係我們已經講過三次：第一次在史前時期，第二次在希臘文明的早期，第三次在大量原始部落從中亞移居北歐時期。現在到了進一步講原野平原的時候了。養馬的人常被叫做雅利安人，或印歐人，這是一個叫起來方便卻不十分準確的名字，意味著人們遷移距離之遙遠。在人類早期以及第二世紀時期向南遷移的部落，他們在移動的路上稍有些偏東或偏南，朝著希臘或印度而來，這是一些將改變古代世界面貌的人。他們包括亞該亞人（在希臘他們比多利安人還早幾個世紀）、希泰族、波斯人、希克索斯人、米提亞人、塞西亞人和帕提亞人。

他們精湛的馬術也為其亞洲鄰人所共享，這些人包括蒙古人的後代、布里亞人、雅庫特人、通古斯人以及後來從西南亞遷往歐洲的各色土耳其人。在許多藝術和宗教的例子中馬常與太陽聯繫在一起，因為牠們似乎總是從東方走向西方。

不管是亞洲還是北歐的遊牧民族對馬都有相似的熱愛，其基本的信仰和風俗也相同，牠們和馬鞍、韁繩及馬鐙一起被代代相傳。馬為主人陪葬是一個廣為流傳的傳統，這種傳統使日爾曼和斯堪的那維亞傳說中關於馬和死亡的神秘關係一直傳誦著。直到今天一個偉大的戰士由他的馬陪葬還是一種習俗。過去曾是真實的馬埋在主人的墳墓裡，但是後來出於經濟的原因，人們認為無妨用陶瓷肖像頂替真馬，大概形如祭酒之瓶（圖294、295），或用銅器，比如從盧里斯坦墳墓裡發掘的上百個青銅器，常常擱置於死人的頭下。在印度，由於馬的數量較少，人們雕刻馬的模型來祭神，甚至用舊馬蹄鐵——這真是節省之至。西方關於馬蹄鐵能帶來好運的迷信也許可以追溯到此。

最後一群純種野馬生活在亞洲中部的高原上，名叫日瓦爾斯基（圖296），此因第一位發現野馬的俄國步兵軍官而得名，儘管這位軍官把野馬當做驢。這種馬的頭較大，身子較短，背很強壯，在古代的亞洲到處都有。蒙古人最先購買並對其進行系統的馴養。

今天亞洲廣闊的平原仍是世界上養馬的最好地方之一（圖297）。儘管騎馬的部隊機械設備越來越精良，但是從祖宗那裡繼承下來的養馬傳統卻沒有完全丟掉（圖298）。

圖297 設拉子（伊朗）地區的半野馬，在阿基孟尼德和沙沙尼德國王時期曾因其純種而得名。

　　馬很可能是遠在現代人出現之前的歷史早期從白令海和阿拉斯加沿著西伯利亞方向從美洲而來的。由於馬在那時候的美洲鮮為人知，這種動物的確存在著從地球上完全消失的危險。在寒冷的征途上很可能只有最強壯的那些存活下來了，因此這種動物的品種得以延續應該更多地歸功於亞洲而不是美洲。第一位騎馬的人肯定是亞洲人，而對於還沒有馬的地中海周圍的人來說，把騎在馬上的人當成人首馬身的怪物也是情有可原的。這些早年的騎手無論是打仗、打獵、旅行，還是運動，始終和馬是不分離的。

　　在中國和克什米爾的邊境上有個商道的交叉路口，安娜‧菲利普在這裡發現一種競賽遊戲：可怕的「抓綿羊競賽」，它以綿羊為名，由12個左右的吉爾吉斯騎士組成。這是些很出名的人物：「任何有關他們的東西，他們的目光、行動、皮帽和斗篷都象徵著極為驕傲和高尚的獨立精神。他們的生活有著與眾不同的活力。當他們開始騎馬奔騰的時候，有如天鵝出水般的神采……」但是為了了解遊戲的本質，儘管有些令人厭惡，我們還是有必要看看在野外進行的細節：「他們把一隻羊的喉嚨割破，並把頭砍下來（當地人還會告訴你，在從前他們還要先把羊的腿打斷，以便確定牠不能走動）。羊放在一個地方作為目標，然後一聲令下，所有的騎士都衝出去搶奪牠。為了把對手掀下馬，騎士們互相用鞭抽、用腳踢，一片混戰。由於遊戲過程沒有任何的制約，整個遊戲自始至終都充滿暴力和野蠻。騎士的喊叫聲伴隨著馬的喘息聲。一旦有人抓住羊，其他的人立即對他施以暴行。於是人和獸都渾身充滿血腥味。當勝者舉著獵物衝出重圍時狂暴達到高潮，他必須帶著羊的屍體繞場一圈，回到出發的地點而不被擒住。小小的吉爾吉斯馬熟知

圖298 戰士從馬的胸前拔出一支箭。古代中國最偉大的統治者唐太宗（626－649在位）墓中的淺浮雕。

圖299 土耳其厄爾佐魯的
標槍投擲，大草原傳統的騎術
運動。

圖300、301 馬球：阿拉
伯半島和印度王子及軍官的運
動。（藏於波斯博物館，16世
紀）

遊戲，因此自始至終都是騎士們的好幫手，牠們奮力奔跑，沒
有一絲的疲倦，神經和肌肉都充分地伸展。」

安娜·菲利普還說道，騎士還會高舉著羊的屍體，像拿著
絲巾一般揮舞著。遊戲要進行很長時間，而勝者是那位把羊帶
回原地次數最多的人。其他的人都會圍過來表示祝賀，然後他
把剩下的羊帶回家吃掉。

從此地再往前走，這位旅行家看到另一個「好看的綿羊競
賽」。一個人把牙都打破了，但他卻繼續玩而似乎不太在意。

總而言之，亞洲人從很早就開始敬重動物的生命，而這些

圖302 土耳其厄爾佐魯的標槍投擲，大草原傳統的騎術運動。

殘酷的遊戲只在一些邊遠的或原始的部落裡才延續下來。不過出於對騎馬比賽的熱愛，他們發明了另幾種競賽——其中首推馬球（圖300、301），競賽中只用一根棍子和一個球。由於西藏語中 polu 的意思為球，這種遊戲因而得其名，不過它在有名字之前已經是古波斯很受歡迎的運動了。詩人弗爾達斯認為它源自波斯，是一種挑選成熟之馬的方法。英國人在印度發現此運動，謝爾蓋將軍把它引進軍隊，而孟加拉騎兵尤其熱愛它。第十輕騎兵團在1869年把它帶到英國。之後的幾年裡就成為貴族所公認的運動，並規定了嚴格的行為規範。

阿拉伯的馬上標槍競賽用的是一根棕櫚樹枝，而非一個球。另一種標槍競賽（圖299、302）仍然受土耳其人所喜愛，是他們把它從亞洲帶來的。

馬是主人的朋友和終生的伴侶，一生共榮辱。馬死時作為對牠的報答，人們也讓其備享哀榮，在印度（圖303）和中國（圖304）的藝術中，馬形象的出現早於人。在祭禮中馬也常常作為祭品——或英雄——出現。《奧義書》的讚美詩唱道：「太陽是祭獻的馬頭。恆星是牠的眼睛，風為牠的呼吸，而烈火是牠張開的嘴。牠的背是蒼天，腹是大地，肋骨是大氣之氣流。植物和草是牠的鬃毛，升起的太陽是牠的胸。牠死的時候即是打雷的時候。」

世上沒有比馬更博得人類的理解的動物了。當康瑟拉在林中拋下牠的主人悉達多王子——後來接受了神的智慧變成菩薩

圖303 這些葬禮上高大的馬像佇立在提里文納馬拉（印度南部）的田野裡。

圖304 北京紫禁城牆上帶有長長鬃毛的馬。可能是太陽的形象。

圖305 神馬（加瓦尼的雕刻）

的人——而獨自回到宮中時，國王責備牠說：「沒良心的信使，我對你無盡地仁慈，給你巨大的榮耀，你卻把我的愛子從我身邊帶走。如果你不帶我到他所在的地方，你將被賜死。我寧願和他一起接受考驗。」聽了如此責備的話馬失望至極，倒在地上死去了。

在《一千零一夜》的最佳的一個故事中，主人公是一匹神馬。牠被一個印度人騎著去見富裕的波斯國王。一路上的情景簡直是現代機器人的早期版本。馬上的人想去哪裡牠就跑到哪裡，其速度之快在當時是無法想像的。菲盧斯王子有些笨拙，他騎上神馬卻並不知道如何操縱牠。慌亂中降落在美麗的孟加拉公主宮殿的平地上，並帶著她回到波斯。那個印度人對此非常氣憤，立刻把美人掠為己有。公主的驚叫引來克什米爾蘇丹的注意，蘇丹把她帶到宮裡，賜給她無限的榮華，只是對她略有歹意。好在這時菲盧斯王子裝扮成苦修僧人已經上路尋找愛

圖306 德黑蘭戈比諾房子裡的瓷磚

人，他在關鍵時候把公主救出。在神馬的幫助下（圖305），這對年輕人終於回到波斯國王的宮殿舉行盛大的婚禮。這匹神馬以及《一千零一夜》中別的神馬一起，多次在德黑蘭的牆上留下了永久的紀念（圖306）。

這種綠樹成蔭的東方花園（圖307）很適合公主的生活，在這裡還養著精選的猴子、鳥類及其他的家禽。其中有一隻北京的哈巴狗（圖308），牠的來歷有一段傳奇故事。曾經有一位聖人隱士住在韓國森林裡，他潛心研究，終於得到菩薩顯示的五百至福。他熱愛所有生靈，能講所有動物的語言，在需要時給動物們以勸告和安慰。一天，一隻獅子來找他，以前隱士曾經治好過獅子的傷，這回獅子很苦惱，因為他愛上了一隻小猴子。猴子很可愛，只是比松鼠大不了多少，他於是請隱士幫助他。隱士想了很長時間，然後對獅子說：「如果你真的愛這個小可愛，你願意做出巨大的犧牲來了斷此煩惱嗎？你是否同意變小、失去你巨大的力氣？」「我願意，」獅子說。接著隱士祈禱了很長時間，這期間獅子變得越來越小，直到和小猴子一般大小。「我不後悔，」獅子說，「因為她愛我。」聖人接著說：「你的愛的確是高尚的，如此的犧牲值得一些報償。你的勇氣和崇高的尊嚴將永遠保留著。你再也不必被迫去捕獵謀生了。世

圖 307 一位印度公主和她的寵物（1760 年）

圖308 獅子狗從北京來到
曼谷,牠的形象出現在這座18
世紀的廟宇裡。

圖309 獅子狗(也叫北京
哈巴狗)在巴黎正在進行戶外
運動。

上的神將為你提供食物。你的後代除了有一顆勇敢的心以外,
還將擁有猴子的快活性情,無憂無慮地生活。」

　　因此獅子和猴子得以結婚,牠們的孩子就是北京第一批皇
家獅子狗。由於出身高貴,牠們很受尊敬。其形象常出現在廟
宇寶貴的花瓶上。在北京的宮殿裡牠們有特別的衛士保護,傷
害牠們要判死罪。在1860年北京頤和園遭到洗劫時,第一隻北
京哈巴狗被偷到歐洲。海軍上將約翰‧赫耳勛爵於1900年把一
隻名叫魯提的北京哈巴狗獻給維多利亞女王,並開始成為時尚
(圖309)。

　　在日本島捕魚是一種主要的職業。 150萬人從事捕魚,全
國平均每人每年吃60多磅魚(而吃肉只有4磅)。長長的海岸
線是35萬艘船的理想之地, 這些船大都較小且沒有發動機。
漁民們總是給擁擠的日本市場提供各種各樣的魚,包括貝類和
章魚。成千上萬噸的沙丁魚被變成油。而在亞洲的其他地方,
佛法禁止殺生,甚至更嚴厲的印度教往往為了保護魚而犧牲了
人,捕魚是窮人和受歧視之人的職業。在印度和西藏,捕魚是

圖310　訓練鸕鷀捕魚需在晚上，藉助左右搖擺的火盆發出的光來進行。這裡的情景看上去像是一種運動，而不像一種謀生的手段。

圖311　淺水捕魚。（巴基斯坦）

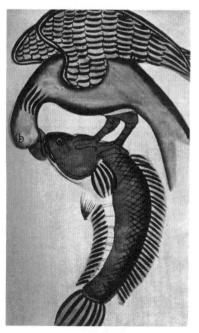

圖312　捕魚的鷹（印度卡里加特，1880 年）

低階層人民的職業。這使得天主教傳教士很容易就使印度南部的漁民改變信仰。在爪哇，只有被放逐罪犯的後代才捕魚。儘管如此，對佛教徒來說有一個辦法可以避開這些清規戒律，他只要把捕捉物放在地上等牠自己死去，就可以毫不猶豫地吃掉牠，因為他並沒有殺生。

對日本人來說捕魚是一種藝術。在夜裡捕魚他們有鸕鷀相助（圖310）——事先需要在鸕鷀的脖子上套上一個環，以免牠們把捕獲物吃掉——整個過程頗像在度假而不是在尋找食物。漁船都比較原始：平底船（圖311）、獨木舟、竹排以及淺色

樹幹做的筏。亞洲漁夫真正的工具是他的眼明手快。無論是對人、對其他的魚，還是對鳥來說（圖312），捕魚都是輕而易舉的事。

由於亞洲人的宗教使他們無法成為偉大的漁夫，所以他們把魚變成極其奢侈之物。中國人是世界上第一個實踐養魚學的民族。早在西元968年，他們就在魚身上實施人工授精，並學會了如何從金魚和金鯉魚中哺育新品種。12世紀在皇家魚池裡就出現了兩種帶白斑點的品種，並成為皇孫貴族的裝飾品，到了16世紀這些品種則已進了平民百姓之家。結果導致越來越多的稀罕種類被發掘出來：17到18世紀期間有12種，1848至1925年間有10種，並且都有能喚起聯想的名字，比如獅子頭、龍眼、珍珠秤等。魚在亞洲幾乎是高不可攀之物，象徵著生存和富足，牠有不可思議的重要意義。甚至在日本也是如此（圖313），儘管那裡的宗教禁忌並不太嚴厲。

每一種動物都有其人的屬性。傳說狐狸每天早上都下跪對著升起的太陽進行祈禱。如果堅持多年，牠們就可以變成人形。而日本的狐狸之所以保持動物之形，是為了給穀神伊娜麗當坐騎，也為了保護相愛之人和成婚的夫妻。狐狸極受喜愛，以至人們以伊娜麗之名為牠豎起雕像來崇拜（圖314），彷彿牠本身就是穀神。

除了會養馬，亞洲人還最先學會馴養許多動物的技藝。他們使許多種禽類成為人類的朋友和奴僕，如雞、孔雀、野雞、鵝、鴨及鸕鶿等。他們也發明了雖然殘酷但是令人興奮的鬥雞運動（圖315），後經菲尼斯人傳到希臘。

在亞洲，所有的禽類中——無論是裝飾的鳥（圖316）、農家禽（圖317）（著名的北京鴨在1874年進口到美國並變成長島鴨），還是競賽的鳥（圖318）—— 公雞無疑是王者。特別是在菲律賓，牠是主人的忠誠伙伴，跟隨著主人的船，每天都被洗得乾乾淨淨，受盡寵愛。不管人與雞之間有何等的默契，最顯忠誠本色的是在鬥雞時把對手置於死地。差不多每個人都擁有並訓練自己的公雞，而比賽的規則是一成不變的。每個參賽選手都在雞的右腳穿上一個彎曲的鋼鋸，為了取悅冷酷的觀眾，先由馴者讓雞興奮起來，方法是用手蒙住牠的頭，把牠放到對手面前，此時其對手則可以隨意攻擊牠而不受懲罰。

幾個回合之後，雙方都達到憤怒和興奮的極點，於是鬥雞開始了（圖319）。 觀眾除了享受這種虐待狂式的愉悅之外，還可以下賭注。直到其中一隻死去之前，不斷地有猛擊和流

圖313 騎在一條神魚身上的日本女子

圖314 供在日本京都的狐狸神

145

血，這時觀眾已經接近歇斯底里的狀態。

　　除了有關於公雞具有不死的功力等傳說之外，圍繞著公雞還積累了許多奇怪的故事。曾有一個鬥雞手帶著公雞去見一位巫師，請他給雞增加威力。巫師請求和雞單獨待在一起。他把

圖 319 巴厘（印度尼西亞）的鬥雞。這種運動在東方極受喜愛，除了它能引起歇斯底里式的興奮之外，還頗受賭博者的歡迎。

雞煮熟了並砍成幾塊，把頭、脖子和腿埋在角落裡。然後對著剩下的可憐的雞塊莊嚴地唱了起來。當主人來要回他的雞時，他被邀來同吃剩下的雞。主人不願意，巫師就安慰他說：「別害怕！等你到家時，會看到你的雞正在等你，而且鬥技極佳。我保証，牠會贏的，只是你一定要小心，吃的時候千萬不要吃斷牠的骨頭。」用完餐之後，巫師把雞骨放在一個手絹裡，置於一個神器中並念了幾句咒語。主人回到家時果然看到他剛剛吃掉的那隻雞。之後的幾天中，雞連勝幾場，然後就在一天早上消失了。

　　嬌弱的印度女郎不願意看帶有血腥味的鬥雞。她們更喜歡會說話的鸚鵡，並在閨房中花上好長時間教牠們說話。不過即使在閨房裡也並非沒有危險……貓可能會嫉妒（圖320）。

　　在亞洲養不起鸚鵡的女子總能求助於其他能鳴叫的蟲子（圖321）。中國人可能是常常把蟲子用於佐餐（油炸）或娛樂（讓牠們打鬥）的緣故，對蚱蜢和蟋蟀知之甚多。

　　他們發現蚱蜢把左邊的翼做成弓狀，然後快速地上下刮擦右邊的翼而發出音樂之聲，公蟋蟀則用頗為不同的方法鳴叫，牠通過摩擦其後腿，使突出的部分擦到後翼上的幾根肋骨而發出聲音來。

　　但是在亞洲科學觀察的精神要戰勝迷信信仰，仍需很長一段時間，而正是這些和現在的歐洲說法完全不同的信仰，才使動物世界得以保存下來，使動物即使在城市的街道上也有絕對的自由活蹦亂跳（圖322）。儘管黑皮膚的克利須那神在印度清除了幾隻在湖泊和森林一帶的魔鳥（圖323），但是毗瑟拿

圖 320　貓和鸚鵡（康格拉，印度，1810 年）

147

圖 322 鳥群（齋普爾，印度）

圖 321 日本女子在出售蚱蜢和蟋蟀的店裡。（18世紀）

神喜愛的伙伴也是一隻鳥，叫揭路茶。只要拍拍翅膀，揭路茶就能夠停止三個世界的轉動，牠的速度非常之快，似乎能夠拉動地球，包括所有的山、林和海。當風神婭尤想要毀滅極地的山時，牠能夠用翅膀把山蓋住。風神只好等揭路茶不在時，把山頂打破。山頂掉到海裡，變成錫蘭島。

亞洲人賦予動物更多的是友誼而不是尊敬，對這種感情的本質西方人總是很難理解。

西伯利亞人大老遠地跑去用自己的乳汁餵養幼熊，南印度的人哀悼死去的老虎，而直到不久的過去中國的一些村民還把每年開頭的幾天用來慶祝各種動物的出生。

儘管有不少的禁忌，打獵還是要進行的。對農民來說（圖325），這是生存之道，而對王子來說卻是很喜歡的運動（圖324）。對於打獵人們要找出合乎道德的理由 —— 為了保護村莊和莊稼免受周圍野獸的侵害——或是把牠歸結於對穆罕默德的忠誠。

馬可·波羅說：「在河流間有青蔥的牧場，特別是還餵養

圖 323 克利須那般殺死魔鬼
蒼鷺。（1845 年）

了許多作誘餌的禽類。此類牧場有兩百個之多，大汗每週至少
會親自去一次。他還訓練了鷹，用以攻擊狼，沒有牠們打不過
的狼。不過大汗打獵時用的主要是大量的美洲豹、山貓和獅
子。當他騎著馬經過其動物王國時，總要帶上幾隻豹作為後
援，時候到時一聲令下，牠們馬上會衝出去追趕鹿或羚羊。」
他還談到用於狩獵的獅子「厚厚的皮上帶有黑、白、紅三種顏
色的條形圖案」。

博物學家把以上的描述解釋為蒙古國王把老虎、獰獵或波
斯山貓（淺栗子顏色帶尖尖耳朵的小貓），尤其是獵豹用於狩
獵。

直到不久以前印度貴族還用山貓獵取小動物。有一種頗受
歡迎卻較殘酷的運動，是讓幾隻山貓追逐一群鴿子，並就哪隻
山貓殺戮最多下賭注。獵豹（圖326）不可與黑豹或美洲豹混
淆，儘管形狀上牠們有些相似。黑豹的皮帶斑點，並有三個、
四個或五個玫瑰形的小黑標記。獵豹渾身都是圓形斑點，牠與
狗類和貓類有些關係，移動時其長腿和闊步更像丹麥種大狗。

圖326 大蒙古愛克巴捉住
一隻獵豹。

牠是世界上跑得最快的食肉動物。 當牠們獵鳥時，其中一隻把
獵物往一個方向驅趕，其他的豹則潛伏著，其長腿使他們能夠
在鳥飛翔時捉住牠們。獵豹一旦被捉則很容易馴服，牠會變得
和家貓一樣友善，從沒有過與主人反目的記錄。這幅美麗的畫
（圖327）描繪的是生在忽必烈汗之後三百年的大愛克巴，這位
蒙古人帶著他的獵豹，一起在印度打獵的情景。獵豹像獵鷹一
樣被頭巾蒙住眼睛，拖著大車和雜物來到靠近狩獵的地點。然
後頭巾被取下來，牠們開始像閃電般飛奔追趕獵物，並用爪子
捕捉獵物，等待主人發號施令。這種類似用獵鷹行獵的方式經
亞美尼亞和土耳其傳到歐洲宮廷。在佛羅倫薩有之，在法國路
易斯六世的宮裡也有之。下雨天這位君主會讓這些費洛拉公爵
贈送的獵豹在宮裡追趕碩鼠。

　　在亞洲所有的野生動物中（圖328），老虎是人們最懼怕
的。眾多的關於老虎吃人的故事不是傳說而是千真萬確的事
實。吉姆‧格爾伯特是一位追捕吃人獸的專家，關於這個主題
他寫了好多書，在研究這些把人當成天然獵物的野獸之行為方
面傾注了大量的心血。他認為老虎只有在處於某種虛弱的狀態
之下，比如可能受槍擊而牙被打破，或者是豪豬的刺深深地刺入
其身體，才會吃人。老虎靠其快速、有力的下巴和強壯的爪子來
征服獵物。當因為某種緣故這些力量不能充分發揮的時候，就會
轉而攻擊人，因為人比較容易制服。老虎只有在饑餓時才吃人，

圖325 打獵的農民（18世
紀印度油畫）

圖 327 愛克巴帶著經過訓練
的獵豹一起打獵（1560 年）

圖 328 魔獸（西藏布畫）

而且已變成吃人獸的小母虎長大後會改過來捕殺其傳統的獵物。
況且，雖然人們怕虎，卻不把虎當成憎惡的敵人。相反，人們
認為老虎是復仇心較重的神，須避免殺害牠們，甚至不要面對
面地遭遇牠們。在西伯利亞東部，人們由於害怕遭報復，甚至
不敢言虎。任何人若踩著老虎的腳印，都會趕緊留下食物，念
上幾句驅邪的咒語而匆匆離去。

　　不過獅子（圖329）是野獸之王，在亞洲也不例外。毗瑟
拿有時便顯獅子之形。邪惡的妖怪希蘭雅‧卡什普想要阻攔其
子崇拜毗瑟拿。只是要打敗毗瑟拿可不是一件容易的事，因為

圖329 一頭獅子和一個婦
女的組合（印度馬哈德瓦廟，
11世紀）

殺害他既不能在白天也不能在晚上，殺他的不能是人或神，也
不能是動物，而且還不能在其宮殿之內和之外殺他。有一天在
黎明時分希蘭雅・卡什普急忙敲打著一根柱子（既不在宮裡也
不在宮外）叫道：「如果他無處不在，那麼就讓他從這根柱子
裡出來吧。」毗瑟拿以人面獅身之形立刻從柱子裡閃現出來。
他一把揪住其對手，把他從膝部掀倒，用爪子把這個妖怪之物
撕成碎片（圖330）。

　　在歷史上最古老的生存者中便有烏龜的形象：這是來自伊
朗的彩杯（圖331）。杯子的畫非常樸素，沒有神話的意味。
它只是描繪動物及其所提供的東西：一把龜殼梳子。儘管希臘
人和羅馬人也用龜殼做梳子和飾物，但他們對烏龜賦予更多的
想像。龜殼主要是用作里拉琴之背，而里拉琴是幸運之神漢密
士在其生命的第一天發明的，於是烏龜就和他有密切的關係
（圖332）。

　　漢密士從其搖籃溜出來之後發現草叢中有一隻烏龜。「你
活著的時候很好看，」他說，「但是死了以後可以做很美妙的
樂器。」他於是結束了烏龜的生命，把牠拆成幾塊。然後他取
來牛皮、一對牛角和一個軛，再用7條羊腸做成的繩索固定，
造出了第一把里拉琴。他又試著用樂弓彈奏，樂聲美妙。結
果，製作第一把里拉琴的材料全部來自動物之身。

　　烏龜是毗瑟拿神的第二個化身。洪水過後他不得不採用此

圖330 毗瑟拏神毀滅妖魔
希蘭雅。

圖331 彩杯（波斯，西元前3500年）

圖332 漢密士和烏龜（羅馬）

圖333 中國一座墳墓上的
烏龜，是另一個世界的信使。

兩棲動物之形以便重新獲得一些最寶貴之物。他看到眾神在攪
動牛奶之海以獲取不朽之液，但是由於缺乏堅固的支撐點而沒
有成功。毗瑟拏神於是把自己變成一隻烏龜，潛到海底去做支

154

撐。印度教的一本書上說，印度大陸就永遠依靠在這隻巨大的龜背上。

對中國人來說，烏龜與祖先關係密切：作為另一個世界的信使，在墳墓的裝飾中總有牠的形象（圖333）。其原因大概是烏龜習慣把龜蛋埋在沙子裡，牠還是長壽之物，也是灶火邊的常見物。人們在龜殼上尋找預言。首先在龜殼上塗上墨水，並置於火邊。通過看殼上裂縫和裂痕的方向可以得出先人的勸告。

比如齊國的君主就曾發誓要奪回病得奄奄一息的哥哥之命。他與其父親及祖父的幽靈進行對話，勸說他們不要奪走齊王的生命。他找了三隻烏龜，都給了他肯定的回答。

如今，人們用塑料代替龜殼來製作各種小飾物和家用物品，以挽救瀕臨滅絕的烏龜，但是烏龜的美味比其魔力具有更高的價值。海龜主要作為美味之品，牠非常多產，一次能產下600個蛋。在沙撈越島上每年可得海龜蛋達200萬個之多，當地政府已做出規定以防此物種的消亡。這的確需要特別的小心謹慎，因為新生兒還要經受海鳥和魚的考驗，海龜蛋數量雖多，但是只有極少數能夠長成。綠龜也因其美味的肉而遭捕殺，龜湯在西方人的餐桌上從來都是佳肴。

陸地大龜（圖334）的肉也同樣具有極高的食用價值，有的重達400衡。不過更親密的是寵物烏龜，牠們在歐洲和亞洲很受小孩歡迎（圖335），儘管這種烏龜很聰明，是極易相處的伙伴，但幸運的是牠們是不能吃的。

圖334 印度馬拉巴爾海岸上的巨龜。此為陸龜之最大者，長約4英尺，能馱一個人

155

圖335 孩子和烏龜玩耍的
快樂世界──聰明而又容易相
處的寵物。

克利須那神嬰兒時就和一位養牛人之子交換，為的是免受
其殘酷的叔叔康沙之害。這位黑皮膚的漂亮王子正是毗瑟拿神
的另一個化身，他於是生活在牧民及美麗的牧牛女之中，用其
長笛施魔法（圖336）。唯有這些卑賤的牛見證了他初期的非
凡超人之處。

這一章主要是有關亞洲人對動物的友誼、親近和敬畏，因
此透過講述印度聖牛所受到的尊敬來結束此章非常合適。

在印度對牛的需求頗多：牛可供奶、犁田，甚至牛糞可作
肥料，但是牛有一種權利，那就是牠們需要死得安寧。印度教
經書上說：「誰殺害牛，就要在地獄裡腐爛，直到這頭牛的皮
上沒有毛為止。」聖人甘地也曾說：「牛是慈悲之詩，是印度
千萬人之母。」

因此在大街上、廣場上，甚至火車站和商店裡，都有牛的
蹤跡（圖337）。 菩薩在講道中非常強調愛動物之法。他常常
講到一隻鴿子由於受到雀鷹的追捕，歇在塞比斯國王的膝蓋
上，懇求國王救牠。互相追逐的兩隻鳥實際上是因陀羅神和他
的隨從，他們想測試國王是否慈善。國王已經發誓要珍愛所有
的生靈，但如果救下鴿子，則是剝奪了雀鷹的鮮肉，等於判處
雀鷹死刑。於是國王要來一桿秤， 要從他自己的大腿上割下和
鴿子一樣重的肉來；可是鴿子的身體越來越重，而國王的肉越

圖336 漂亮的克利須那神
用其長笛迷倒了美麗的牧牛
女。（18世紀）

圖337 在印度的車站候車
室裡牛安靜地躺在地上。

來越輕。國王下令把他兩隻大腿的肉都割下來，還是不夠。慢
慢地國王身上的肉都割下來了，仍然不夠，直至最後國王把整
個身體都獻上。不過因陀羅神不允許這位願意和所有生靈和平
共處的聖人死去，他把其聖體保留下來，並派來天上的神醫使
他復原。

157

四、 動物為飾

　　歐洲將文藝復興時期稱為理性的時代，它使歐洲富裕到了難以置信的程度。動物的存在是為了顯示人更偉大：牠們的任務是讓王子得到消遣，讓女子更加美麗。整個世界就是一個表演的舞台，而動物當然必須占有其一席之地：牠們因牡蠣產出的珍珠而顯得寶貴，形如章魚而顯得可怕，又如珊瑚令人驚奇；如歐洲海岸邊的青魚多如牛毛，用之不竭，因絲綢而豪華，又因人面獅身的怪獸而顯出幾分荒誕。在哥倫布到達美洲之前，那裡的家禽極少，人們賦予鸚鵡、巨蛇和駱駝高貴的地位。北極人追求熊的榮耀之死。海狸和貂為國王們提供皮草；第一批動物園以及狩獵複雜的禮儀分散了歐洲貴族們的注意力。動物激發人們的好奇心，創造了寓言；動物是科學家觀察的對象，也使家庭飽餐美味。馬甚至變成觀賞之物，而且精良的純種血統從東方流傳到英格蘭。

圖338 首次深海探險：「亞歷山大是如
何坐在一個玻璃箱裡潛到海底的。」（15世
紀，藏於錢特利博物館）

圖339 海底勘測用的籠子

160

人與獸千萬年來共處的關係在16世紀突然發生了較大的轉變。中世紀對亞洲和非洲來說延續了很長的時間，但在歐洲卻在這時候結束了。都市文明開始向鄉村發展，而農民又開始侵占森林。人到野外與動物遭遇的時代也結束了。

有關聖徒和動物的神奇傳說被改革派掃蕩殆盡，這從某種程度上來說也是對與之有關的動物的勝利，他們沒給陪伴在聖人弗朗西斯和傑西姆左右的狼和獅子留下餘地。文藝復興更是以犧牲情感和想像力來歌頌理性和智慧，他們把人單獨放在創世紀的第一位。人本主義的確是這種新態度的合適之名，甚至當它熱衷於希臘和拉丁神話傳說之時，也顯得不自然，它打破了人與獸自古以來在日常接觸中所建立的關係。

不過值得慶幸的是，與此同時在人對動物的認識中增加了一種新的尺度。土耳其帝國的擴張可能從一定程度上阻擋了亞洲和地中海的商貿，但是在北部海區及大西洋中仍有一個新的動物世界。

傳說亞歷山大年輕時曾經躲開其導師亞里士多德，鑽進一個外包金屬條的玻璃箱裡，下海去觀看水底世界（圖338）。不幸的是，那些水手本該把深水裡的鐵鏈拉上來，可是他們卻被風暴奪走了生命。不過這位聰明的王子在下水時帶著一隻公雞，眾所周知公雞是生存和復活的象徵。他把雞脖子切開，無法忍受鮮血的大海立刻把這個深海潛水器噴了出來。亞歷山大在海底看到了許多奇怪的生物，據說他還帶了兩位畫家，讓他們把看到的畫了下來。他還認識到，對於深海探險的勇士來說海底世界充滿危機。

然而首批的潛水試驗似乎是為了功利主義或者軍事策略的緣由，而不是科學探索的需要。從16世紀到20世紀新的發明層出不窮，並且不斷改善，但是第二次世界大戰才是推動海底探索的真正動力。「在你死之前，要盡可能去借、偷、買或者利用某種設備，看一眼這個新世界，」美國博物學家畢比在1931年如是說。人類下定決心要詳細研究這個沉默的世界，先是為了捕獵，後來是探討和研究。他們不再用亞歷山大時代的防護設備，除非是在個別特殊時候，比如在鯊魚出沒之地進行地質研究（圖339），或者是要到達最深的海溝。美國的畢比、巴爾托尼，瑞士的皮卡德，以及法國的沃爾特和維爾姆要去體驗亞歷山大在深海處的感受。

16世紀的歐洲人總括來說都很富有，與食物相比，他們更希望動物提供娛樂、美的享受及豐富的裝飾。在與古老的亞洲

文明以及美洲新世界的接觸中，歐洲人學會了品味奢侈，卻對動物缺乏更多的同情和理解。他們不厭其煩地閱讀一些故事，比如講述亞洲海裡的珍珠是如何而來的故事：德里大蒙古主的女兒由於不願斷絕與貝拿勒斯王子的愛情而被囚禁在一座塔上。有一天她死了，臉上帶著愉快的微笑，她在孤獨中所流下的眼淚全部流進大海，並被愛神變成珍珠。波斯的故事則是當第一滴雨落到浩瀚的大海時，發現自己如此小，於是哭泣不已。大海被它感動了，許願說：「我將把你小小的水滴變成一滴光。你將是最純潔的珠寶。你會統治整個世界的，因為你將奪取婦女的心。」

直到20世紀日本人御木本幸吉在經過長達11年的研究並付出巨大代價之後，才找到製造珍珠的方法。御木本幸吉11歲時就不得不養家糊口，供養9個兄弟姐妹，他開始靠賣珍珠和貝殼為生。但是他和海洋學專家一樣，也知道珍珠的產生是一次偶然事件的結果：它是由於軟體動物受另一種生物，或一粒沙之傷而形成的。為了保護自己，牡蠣把此外來之物一層層地包起來。極少使用理性的詩人解釋說，珍珠的產生和人一樣來自痛苦。

1889年御木本幸吉開始一系列實驗，但屢屢失敗。直到4年之後的1893年才成功地製造出第一個半圓形的珍珠。之後他租了一個島嶼，到1896年已經形成完整的產業。為了每年給25萬隻牡蠣播種，他雇用了大量人員，其中大部分為婦女（圖340），因為日本婦女的胸腔更深，在水中停留的時間比男人更長。經過逐步訓練，她們可潛到40英尺深之處，每次停留兩到三分鐘。1905年御木本幸吉由於一場流行病的緣故損失了85萬隻牡蠣。不過最後他終於夢想成真，得到了一個完全圓形的

圖 340 日本港灣捕撈珍珠的女潛水者，她們從孩提時就開始接受潛水訓練。

珍珠。他於1954年去世，享年96歲，當時他的養殖場有15億隻牡蠣，11萬7千人從業。

不過早在這個日本企業開始養殖牡蠣以前，為了得到裝飾品，世界上最有錢有勢的王孫貴族們一直在掃蕩海底（圖341）。當義大利名門之後瑪麗·麥第奇出席兒子的洗禮時穿著一件繡有3萬2千顆珍珠的禮服。白金漢郡公爵帶頭掀起了穿著繡滿珍珠之服的時尚。最著名的「巴羅克」珍珠（一顆形狀及顏色都不規則的珍珠）有一英寸之長。它是棱尾螺的未完成之作，由義大利雕刻家本萬努多·柴利尼鑲在一套首飾之上，麥迪奇家族的成員把它獻給印度國王。克寧勛爵任印度總督時此塊寶歸他所有，之後他把珍珠帶到英格蘭，直到現在。印度西部的巴洛達王宮有一張珍珠和寶石所做的地毯，其長為6英尺，寬為2.5英尺。霍普收藏品中有世界上最大且最具價值的珍珠之一，它重達405克拉，由這位著名的銀行家所製作，現收藏於倫敦維多利亞和阿爾伯特博物館。

圖341　普魯士國伊麗莎白的手鐲

珍珠的捕撈技藝總是和其捕撈品一樣令人神往（圖342）。幾個世紀以來珍珠捕撈的三個中心是：波斯灣的巴林，錫蘭沿岸和日本島周圍。有一套完整的禮儀可驅除鯊魚、大章魚等。最強壯的潛水者可潛至60英尺之深，並在底下停留80到120秒。這是極其耗費體力的行業，幾年間就會把一個人累壞，但仍有成千上萬的人，為寶藏以及外國商人的錢包所吸引而樂此不疲。

珍珠捕撈者向神明祈禱，請求驅除章魚，其原因在於章魚是牡蠣的最大敵人。

章魚只在歐洲文學中享有凶惡之名。雖然他們不是很吸引人的生物（圖343），但是牠們和別的海洋生物一樣對人類並無害處。北歐傳說中的章魚克拉肯據說大如一座島嶼，但實際上科學家認為牠只不過和魷魚一樣大小，而維克多·雨果在《大海的旅行家》一書中所描寫的巨大而醜惡的頭足類動物、一個「帶腿的空心」的吃人獸實際上只存在於這位詩人的想像之中。即使人們能夠找到此類巨型章魚存在的證據，即便牠們是存在的，也是非常罕見的，人們沒有理由認為章魚有攻擊人類的喜好。這一點並不需要用水下探測來證明（圖344）。人類已連續幾代人在地中海裡捕撈海綿狀物和珊瑚。據羅馬學者普林尼所說，珊瑚之名來自希臘詞 korax，意為杠杆，因為牠是用來從岩石上撈走東西的工具。不過詩人們更喜歡把牠和 kore 一詞聯繫起來，為少女之意，因為珊瑚為少女所佩戴。古代的人不知道珊瑚到底是動物、礦物，還是蔬菜。牠實際上是一種

圖342　海之寶藏（16世紀・羅馬）

圖 343 人與章魚嬉戲。（水下圖片）

圖 344 水下捕撈者在紅海底採珊瑚。

圖 345 珊瑚枝上生物的放大圖片

圖 346 戴上眼鏡到海底採珊瑚。（17世紀）

海動物,從深海裡取出之後,周圍的空氣就使牠變硬了。

　　19世紀的博物學家們發現,通常被稱為珊瑚之花的東西其實是一種小小的生物,在水中牠們就出現在珊瑚的保護殼上(圖345),被碰時就縮回。

　　潛水採珊瑚(圖346)一直受到鼓勵,原因是據說這對健

166

康有利。義大利人如今還佩戴珊瑚，巴倫・施特夫這樣寫道：
「牠保護人們免受所有的傷害，能防鬼神和恐懼，還能驅除噩
夢，使孩子不受驚嚇。」

　　中秋時分北海的水漸漸變冷，在斯堪的納維亞海岸過完夏
天的青魚開始成群結隊地向南遷移（圖347）。「牠們數目之
多使人頭昏腦脹，」米奇雷特說，「青魚群如此之密密麻麻，
使海面成了固體，無法划槳。……沒有人能數得清牠們的數
量。」科學家已證明，青魚不喜歡過熱和過鹹的水。於是當歐
洲是夏天時牠們就北移，冬天時牠們才南歸。

　　在中世紀青魚常常使北歐人免遭饑餓，同樣也是青魚的功
勞，才使他們能遵守宗教教規，熬過36天的四旬齋。青魚是神
賜的食物，在沿海地區可以吃新鮮的，而在內陸則可吃鹹青魚
乾。甚至當捕魚範圍不斷擴大之時，青魚還是主食。10磅青魚
要比2磅肥肉營養豐富得多（圖349）。 1750年青魚只相當於

圖 347　成群的青魚
（1555 年）

圖 348　大魚吃小魚。根
據耶勞尼姆斯・包士的想像
所作之雕刻。

167

圖 349 一位魚販漂亮的
服裝（1774 年）

肉的一半價錢。

青魚對歐洲海洋史有極其深刻的影響，對歐洲戰爭的進程也是如此。查理曼在漢堡建設港口，為的是保護一支青魚船隊，以抵禦北方的對手。在此之後的幾個世紀中分布在牠周圍的港口如不來梅、羅斯托克和呂貝克都紛紛成長起來，形成了漢薩同盟。13世紀，由於爭奪波羅的海海峽的捕青魚權而爆發了反對同盟和丹麥的第一次戰爭。1242 年哥本哈根被燒成灰燼，但是在君主統治下的斯堪的納維亞聯盟對同盟伸出了援助之手。由於青魚的緣故，一個優秀的新文明中心沿著歐洲寒冷的海岸發展起來了。不久荷蘭人以盛產青魚為基礎，建立了最強大的一個海洋國家。偉大的幻想畫家耶勞尼姆斯・包士在捕魚及商貿中找到靈感，在他描繪的獨特世界中（圖 348），大魚總是吃小魚，然後因飲食過度而死。法蘭西也不落後，從迪耶普到布洛涅，沿岸通向巴黎的路上魚販們絡繹不絕。1786年在布倫港，遊行隊列的中心仍是一條銀色的青魚，牠被作為祭品獻給聖女，祈求免受「海狗」的傷害。

捕鱈魚幾乎是國際性的產業，這種魚只生長在北大西洋。有時候在冰島和紐芬蘭海域，以及最近才發現的巴倫支海和戴維斯海峽，鱈魚的數量巨大，也成群結隊。

15世紀時巴士克人跟隨鯨魚來到紐芬蘭，並發現此地的豐饒。19 世紀的文學圍繞鱈魚捕漁業而成長，其中以吉普林的《勇敢的船長》和皮埃爾・盧第的《小島的漁夫》最為著名。今天捕鱈魚已經成為主要的產業。一艘現代的拖網漁船有200英尺之長，3 個月的捕撈可存放 1120 噸鹽醃魚。不過如今在俄國、法羅群島、挪威和加拿大海岸還有大量的本地船隊用手工捕撈的方式作業，這種作業方式為歐洲提供食物達幾百年之久。

一種新生的捕撈對象是鱘魚。這種魚在淡水河口處出生並成長，之後才進入大海。母魚可長達20英尺，重達400磅，產子 3 － 4 千個。裏海沿岸鱘魚的養殖和捕撈業非常發達（圖350），生產了大量的冷凍、燻或鹽醃之魚，也使俄國和波斯的魚子醬聞名全世界。

1571年3月，一位名叫奧利維亞・塞羅斯的人剛從法國南部城市尼姆回來。他拿出一個紙包，內裝一些棕色小種子，看上去不像捲心菜種。他把種子裝在一個袋子裡，其妻將一直把袋子抱在懷裡直到孵出小蟲。這並不是第一位養桑蠶的法國人，但他是第一位在巴黎中心種植桑樹的人。

中國人小心地保守桑蠶的養殖秘密（圖351），直到14世

紀，不知哪輛商車把消息帶到小亞細亞，從此地又傳遍阿拉伯
世界。威尼斯很快就建立了絲綢買賣的壟斷地位，而第一個紡
紗作坊也在西西里島建成。文藝復興和17世紀時期對華麗服裝
的需求使歐洲工業大獲成功，但是絲綢的淵源卻來自更遠古的
年代，西元前2600年前。那時中國的黃帝要求其妻對國家人民
的富裕做出貢獻。他熱愛自然並仔細觀察之，發現一個小蟲能
產出一根幾百碼長的線。他讓妻子好好利用這些線。皇后收集
了大量的小蟲子，並找到用桑樹葉餵養蟲子的方法，然後又把
絲紡織做成衣服。至於如何從灰黑色的蛾變成一個繭這個循環
過程，中國人有許多的論述（圖352）。他們說：「蠶喜靜不
喜鬧……故牠們應該待在比較封閉的房子裡，不受突然而至的

圖352 幼蛾變成桑繭。

圖353 照看桑蠶孵化。

南風侵襲……當幼蟲剛出生時（圖353），也怕飛揚的灰塵。」

最後這句話不可忽視，因為巴斯德發現一種神秘的病菌，當幼蠶在灰土地上時就受其侵害。中國人極其仔細地照顧蠶，甚至把牠們置於山洞裡以求得到合適的溫度和濕度。

養蠶當然不是一個靜止的沒有變化的過程。巴斯德寫道：「在30到35天的時期內，小東西比原來長大8千到1萬倍。」在最後幾天裡，養殖場洋溢著一派歡樂的氣氛，連滿腦子理性和科學的巴斯德都禁不住受其影響。儘管要日夜不停地勞作才

圖354 土耳其人在給蠶繭稱重。養蠶從亞洲傳到歐洲。

圖355 賣桑繭之人和他的秤。蠶絲被紡織出來

170

圖 356 一個人和兩個長
著狗頭的動物對赫卡特神做
禮拜。（12世紀，藏於拜占
庭博物館）

圖 357 印度人面獸身怪
物，有三排牙齒，聲音柔軟
如長笛。

能滿足桑蠶貪得無厭的胃口，但是在田野間，在桑樹下，充滿
歡樂的歌聲，而桑蠶則在不斷地吐絲。接下來對繭進行挑選和
稱重（圖354），最後準備就緒可以開始紡紗（圖355）。

　　15世紀末，促使西歐人漂洋過海去尋找新世界的動機僅僅
是為了找到更快捷的商道，以便把絲綢和香料從中國和印度運
到歐洲嗎？旅行家的故事裡充滿了碰見各種怪物的神奇經歷，
比如在馬可·波羅的敘述中就有尼科巴群島北部的安達曼島人
有「狗頭」。當然安達曼人不是第一個使用動物面罩的民族（圖
356）。

　　能見到人面獸身的印度怪物（圖357），對旅行家來說肯
定是不虛此行。此物有三排牙齒，獅子之身和腳，人頭，紅蝎
子尾，聲如笛子。哥倫布在飄過大西洋時見過三條美人魚出現
在海上，並寫道：「牠們並不像人們所說的那樣吸引人。」他
認識到這些美人魚只不過是海牛，就如他在幾內亞所偶然見到的。

171

圖358 古代的海洋怪獸
（瑞士巴勒，1555年）

瑞典東南部城市烏普薩拉的大主教馬格納斯曾在羅馬住過一段時間，並在1555年於巴塞爾出版了一本關於動物志的紀念冊，書中有不少令人驚奇的畫。在其中一幅畫裡一條巨大的海蛇正在把水手們猛然從甲板上拉下水並將他們吞食（圖358）；另一幅則描繪鯨魚正在飽餐，而小魚從空中飛過。此類傳說令船長和水手們著迷，而動物卻要為此受苦。探險家們旅途中所經常要忍受的艱難困苦不能成為其野蠻行為的託辭，不過他們的無知，以及這些關於極地和赤道地區居民的令人恐懼的傳說，卻可以讓人們覺得在那樣環境中的野蠻情有可原。

當航海家把一頭「海牛」殺死了——多虧了西奧多‧布賴的畫（圖359），我們可從中看出海牛便是對人無害的帶皮毛的海豹——卻毫無憐憫之心時，其理由是他們認為這些動物「藏在水裡靠近船錨的地方，為的是能抓人。」難道巨蟹（圖360）不是也對人充滿威脅嗎？人似乎一旦離開熟悉的環境，就會恢復其所有的原始本能，認為每一種從沒見過的動物都對其生命具有潛在的危險。

1492年10月9日哥倫布在他的日記中寫道：「整夜我們都聽到鳥飛過的聲音。」這句有關新世界野生動物的話具有決定性的意義，因為哥倫布若不是決定跟著這群鸚鵡走，而是往北挺進的話，可能就沒有西班牙美洲了。歐洲人在此已接近美洲古代三

圖359 大量不同種類的海豹，或叫「海牛」，被歐洲航海家所殺。（布賴雕刻，1561年）

圖360 與巨蟹之戰(西奧
多‧布賴之作)

大文明了：秘魯的印加、中美洲的瑪雅和墨西哥的阿茲台克。

這裡的動物世界呈現一個新的空間。當航海家們看到一群群
色彩鮮艷的鳥時驚奇不已，牠們遇到帆船之後便吱吱喳喳跟著帆
船飛過靜默的大海。鳥飛過的地方航海家們一一給予命名：加那
利斯、亞速爾、鸚鵡之鄉（後變成巴西）。美洲森林由於有了金
剛鸚鵡、長尾小鸚鵡等鳥類燦爛的羽毛而顯得生機勃勃。鸚鵡被
當做崇拜的神（圖361），墨西哥國王用克沙爾鳥美麗的羽毛做
飾物，鳥尾巴上的毛被當做巨蟒的項鍊，而被譽以「南方的啼叫
之鳥」的奎扎克特鳥也是統治墨西哥國的神。

美洲最普遍的兩種貓科動物是美洲獅，也常因其米黃色的皮
膚而被稱為山獅子，還有美洲虎（圖362）。後者早就是南美最
古老的文明、秘魯北部高地一帶的人崇拜的神。牠被描繪成眼距
寬、鼻子大、犬牙突出的形象。

偉大的瑪雅宗教之都有一個供奉美洲虎的華麗廟宇，而在其
附近的金字塔的秘密中心有一個美洲虎的雕像，西班牙人稱之為
el Castillo。 15世紀美洲大陸的宗教仍然與動物象徵密切相
關。歐洲人因為在此發現了太陽鹿（圖363）的信徒而驚奇不
已，此宗教早年從英國到亞洲中部平原都是極其普通的信仰，

圖361 鸚鵡的外貌（黑陶
器，藏於墨西哥博物館）

圖362 美洲虎面具（奧爾
梅克文明，墨西哥灣，西元
前500至100年）

圖363 西班牙人在北卡
羅來納觀看紅色印第安人祭
奠太陽鹿。（西奧多・布賴
作）

圖 364　青綠色鑲嵌在胸
前的飾物（14 至 15 世紀，藏
於墨西哥博物館）

基督教的到來把這些古老的異教徒趕走了。

　　美洲最具威力的神是巨蟒（圖 364）。阿茲台克人認為牠
是文明所賦予的象徵，為的是增強人類的生命力，並有廟宇供
奉之。

　　西班牙人從歐洲進口了許多家畜到南美，如馬、驢、羊和
牛等，也帶來了輪子等相當發達的美洲文明不知何故沒有發明
的東西。不過安第斯高原的居民沒有這些工具也一樣過得挺
好，因為駱駝及其家族的駝羊、駝馬等已經可以滿足他們的要
求了。這些動物頗像沒有駝峰的駱駝，牠們也能適應 7500 至
12000 英尺之高的高原生活，並能給當地的印第安人提供幾乎
所有的物質需求。其毛、肉、糞和皮革都各有所用，唯一缺乏
的是牛奶，而這些美洲人對奶製品則是聞所未聞。 印加首領獨
自擁有數不清的駱駝，管理駱駝的是酋長們。駱駝按性別、年
齡和顏色分門別類，餵養牠們是一門科學。由於牠們是雜交之
種（最早可能是駝羊和駝馬的結合），故交配方面需要特別小
心和豐富的經驗。駱駝廣泛應用於運輸（圖 365），即使今天
有了馬、機動車輛和飛機，牠們還在擔當其多少個世紀以來古
老的角色。從波托西翻越科迪勒斯山脈，這裡由於是荒山野
嶺，道路難覓，運輸銀錠還需駱駝（圖 366）。早在印加人定
居秘魯之前，駱駝用作家畜已有很長時間， 不過印加人是第一
個廣泛哺育駱駝的民族，他們餵養的駱駝達 25000 頭之多。

　　由於駱駝的胃能長時間儲藏食物，在崎嶇的地方不需餵
食，所以牠們特別能忍饑耐餓。駱駝作為祭祀的動物救了許多
人的生命，當一些重要人物去世時，駱駝可以代替其親朋好友
陪伴死者進入另一個世界。牧師允許駱駝頂替人，條件是要以
被頂替人的印第安名字為駱駝命名。

　　駱馬從沒有像駱駝一樣被馴養。這種動物像鹿一樣輕盈優

圖 365 輕裝的駱駝在海拔很高的玻利維亞高原上放牧。

圖 366 秘魯的駱駝在運輸銀條。

雅,棕色的眼睛較大且有些傾斜。牠們的皮毛極好,專門為印加人和最高統治者所用。要捉住駱馬可不容易,而要把牠身上的毛剪下來就更不容易了。一旦駱馬的毛被剪下,一組叫「太陽聖女」的貴族出身的少女就會舉行祭神儀式,然後把駱馬毛

圖367　戴著腰帶的兔
子,上面飾有戴飛鷹頭盔的
騎士之頭,牠是龍舌蘭酒之
神。(美國)

織成像絲綢般柔軟的毛布。

　　阿茲台克人擁有的家畜比印加人少,他們的主食是南美本
土的火雞,西班牙人稱之為「本地雞」,還有一種沒有毛的
狗。除此之外還有少量的野味,不過其個子都不大。其中一種
特別用來佐以龍舌蘭酒。人們認為有一隻帶著一條寬腰帶的兔
子(圖367),其腰帶以戴飛鷹頭盔的騎士頭為飾物,牠來自
月亮,專門來為喝酒之人解除醉酒之後的不良後果。

　　兔子——這裡指家兔——實際上是第一批歐洲人出口的動
物。1419年葡萄牙王子、航海家亨利鼓動把家兔放養到荒蕪人
煙的聖港。結果並不成功,而聖港還是荒蕪人煙,因為兔子很
快就把所有的植被都吃光了。不過亨利還是成功地使牛、羊和
雞等在馬德拉和亞速爾登陸並適應了新的環境。這次成功使哥

倫布心中有數，第二次出海時他帶了許多牛、羊、雞和8頭豬到加納利群島。這些豬不像當年克爾泰帶去的8匹馬那樣令人吃驚。克爾泰的馬使阿茲台克人一片恐慌。當有個騎手從馬上掉下來時，人們認為那個「怪物」已經一分為二，變成兩個生命了。從此以後許多動物來往於新大陸和歐洲之間。

在北美洲沿著森林海岸到北極圈，歐洲的探險家們發現了一個更豐富和有利可圖的動物世界，它和歐洲及亞洲都有更多的共同之處。經過一段漫長又艱難的歷程之後，探險家傑克斯·卡迪爾宣稱：「此地和法國極為相似。」這話準確地表達一個動物學的事實。生活在加拿大附近的幾乎所有的動物種類都是在遠古的某個時候途經白令海峽從亞洲遷移到美洲，或者從美洲遷移到亞洲的，而且往往是從亞洲再流動到歐洲，前面所講的有關馬的情況便是一例。

在巨大的杉樹下驕傲地吼叫的麋鹿（圖368），其被捕殺的方法和遠古的史前時代是相同的，而且獵物和當時同樣豐富。當年沿著威尼斯——塞巴斯蒂安——卡伯特海峽航行的探險家們認為他們正走向西北通道，它可以通向中國和印度，而不需經過危險的合恩角。荷蘭人當時已經成為世界上最好的水手了，為了尋找鯨魚、海豹和海獅（圖369），他們向北航行，而他們對自己的經歷充滿激情的敘述也吸引了許多北國航海家到北極來。巴倫支選擇東北通道，途經西伯利亞。在1596年7月他發現了熊島和斯巴次卑爾根群島。不過整個航程被迫在溫度極低的冰地裡過冬，除了魚和熊肉以外沒有別的食物（圖370）。在此之前的1534年，卡迪爾在加拿大的第一個捕獲物則是一頭「像牛一般大小、像天鵝一般潔白的」熊。

圖368 北美印第安人把鹿皮用於狩獵。（西奧多·布賴雕刻，1561年）

圖 369　荷蘭人捕殺海
牛。（17 世紀晚期雕刻）

圖 370　從巴倫支海來的
荷蘭人捕殺極地圈裡的北極
熊。（西奧多·布賴作）

　　北極熊身長達 10 英尺，重達 1600 磅，為了給自己龐大的
身軀提供養分，牠一生都在不停地尋找食物（圖 371）。根據
其不同的年齡和一年中不同的季節，牠的食物有時是老鼠等東
西，不過其主食還是海豹肉。愛斯基摩人從北極熊身上學會了
捕海豹。北極熊會在冰上的洞口周圍徘徊，因為每隔 7－8 分
鐘就會有一頭海豹上來呼吸空氣。只要有一點聲音，海豹都會
忍不住伸出頭來看個究竟，而北極熊這時便能得手。愛斯基摩
人模仿熊的行為，他們用馴鹿的角或者海獅的鼻子再接上熊爪
裝成北極熊之熊掌。獵手模仿北極熊的節奏用它刮冰，然後手
拿魚叉等候在一邊，一旦海豹伸出頭來就馬上捉住牠。
　　這種盲目的模仿在某種程度上削弱了獵手作為人的責任。
流傳在許多北極民族中與圍獵有關的禁忌足以表明人類對被獵
動物的敬畏。對西伯利亞部落來說狩獵是和「殺人一樣嚴重的
事，隨之而來會有許多危險。應該給受害者、其同類及其自我

保護精神以防衛的機會，至少在表面上體現一種公平」。有一種比任何書面法規更加強有力的自然法則規定，人類所捕殺的獵物不得多於生存所需的數量。人為了生存而捕殺，並不是為了愉悅或者運動。在格陵蘭島獵手一生中所能捕殺的海豹是有限的，如果他一次就殺光，則意味著死亡就要來臨。

不久以前泰戈拉的愛斯基摩人不能在一天之內獵殺4頭以上帶皮毛的野獸，否則自己會變成野獸。這種假借宗教命令的規則保護了動物的種類，使其免於滅亡，但是卻被發現和開發新大陸的人們所忽視。倒進歐洲人保險箱的墨西哥和秘魯金子，使人們得以回頭再購買美洲的皮草作為奢侈生活的消費。登陸加拿大的歐洲人發現，這裡有數量極大的一種嚙齒動物，牠在歐洲已經瀕臨滅亡。在歐洲中世紀海狸生活在所有的歐洲河流中，如萊茵河、塞納河和羅納河。牠們在北歐極為普遍，卻被搜捕到如此的程度，以至查理曼王國的國王需專設官員照管捕殺海狸之事。海狸之名來自印歐語，意為棕色，這種小動物有又寬又平的尾巴，以及能咬斷最硬的圓木的尖牙，過去牠最具價值的是牠的麝香。

圖371 從空中觀看一對北極熊，拍自挪威和加拿大的北極荒地。

法國作家拉封丹寫道：「我真不敢相信這些海狸僅有身體而沒有靈魂。」但是在 16 世紀這些小動物由於害怕人類的緣故，把家安在地下的洞穴裡，且牠們的美洲同類表現了極強的社團組織意識。牠們在一片水區中築起了水壩，然後在水壩的範圍內再建房子，以防食肉動物的襲擊。這幅畫（圖 372）詳細地描繪了海狸築壩的過程。第一，斷樹築基。第二，木匠把更長的樹枝鋸下。第三，搬運築水壩的木材。第四，製作灰泥。第五，整個工程的主建築師。第六，搬運工用牠平平的尾巴拉灰泥。　第七，勞累過度的海狸。第八，泥瓦匠築路。第九，泥瓦匠用尾巴把圓木和灰泥踩壓成型。第十，圓頂的海狸窩，一頭出口通向地面，另一頭出口通向水下。這不是一幅清晰漂亮的畫，且在描繪海狸築水壩的實際過程中稍有些誇張和失誤。

圖 372　加拿大海狸（銅版畫，1698 年）

圖 373 穿著貂皮禮服的
英格蘭國王喬治三世

　　另外，北美印第安人對經過馴服的海狸特別喜歡。曾有一
位印第安首領步行兩天去尋找從他的帳篷裡逃走的一隻海狸，
又有一位設陷阱捕獸者把他喜愛的狗殺了，原因是狗殺了他的
海狸。失去嬰兒的印第安母親在給幼海狸哺乳時找到一絲安
慰。獵人因為喜愛這些小動物而捨不得捕殺牠們。當人激動地
又說又笑時，海狸也會與他共享這份情感，激動不已。但是人
與海狸之間這種傳統的友誼卻斷送在歐洲獵人手裡。每年有成
千上萬的海狸皮經過大西洋被運往歐洲，為了得到海狸皮，殖
民者把武器和酒送給印第安獵人作交換。

　　可是，進口海狸皮並沒有減少其他種類皮草受歡迎的程
度。貂皮（圖373）是傳統上最豪華的皮草，原本來自阿美尼
亞，但是貂主要居住在北歐。長久以來牠主要被用來做皇家禮

服。納瓦拉公主1541年在婚禮上穿的斗篷是用1740張貂皮做的。貂皮象徵著純潔和正直，因此常被用來做地方長官的禮服以及紅衣主教的斗篷。在冬季裡，除了尾巴上有些黑斑點之外，貂的皮像雪一樣潔白，據說牠寧願死去也不願弄髒其潔白無瑕的外表。法國布列塔尼公爵們的紋章圖案是一隻貂，這是其著名格言的最好解釋：Potius mori quan foedari ——寧死不屈（圖374）。

俄國沙皇青睞藍狐和黑貂勝於白貂，為了幾張皮草他們願意去打仗並贏來一個帝國。1579年安妮加·斯托加諾夫用鹽與西伯利亞部落交換皮草，他交給哥薩克人首領耶爾馬科一個任務，讓他去征服那些已對他稱臣的東方民族。在經過許多艱難險阻之後耶爾馬科英勇犧牲了，不過他發現了西伯利亞，這至少和比他早一百年發現美洲大陸具有同樣的歷史意義。為了尋找黑貂，俄國人向冰冷的荒地一步步挺進，一直走到阿拉斯加。他們和北美的法國人使用相似的手段：利用當地居民作中間人來獵取皮草，卻對他們徵稅。

皮草的不斷流行使歐洲各地的皮毛商（圖375）和早年的布料商一樣財源滾滾。到1638年英國議會已通過法律，禁止用其他的材料製作男式帽子，其實早在此之前「海狸」皮就已經是時髦男子的唯一選擇了。

人們對海狸的讚歌一直唱個不停。海狸皮非常結實耐用，因此在法國拉羅歇爾曾經有過極其熱門的生意，主要是翻新舊帽子賣往西班牙市場，甚至還有從巴西販賣舊帽子到非洲的。1581年塞繆爾·錢普雷恩代表聖馬拉的皮草商出海航行，為建立法國殖民帝國打下基礎。卡迪爾用「蒙特利爾」之名代替原來的印第安名字，意為「海狸水壩」，從此之後開始認識到對他們來說什麼是加拿大最重要的財富。英國人也意識到了這一點。在1553年之後他們開始想要控制皮草貿易，在威尼斯卡伯特創建了穆斯卡維公司，這是一個英國和俄國進行貿易的企業，它壟斷了沙皇統治範圍內的貿易。兩位林務管理員由於反對加拿大政府壟斷皮草貿易的做法，因此向英國提出建議。建議馬上就被接受。在1670年「英國探險者公司」成立，開始進駐加拿大哈得遜海灣進行貿易。此地是亨利·哈得遜在本世紀初發現的大海灣，查爾斯二世批准這個公司在海灣沿岸享有無限的貿易特權。法國人不甘落後，於是百年之戰開始了，戰爭中不幸的海狸付出了代價。雙方的公司為了加強地位，索回所付出的代價，比印第安人更加瘋狂地掠奪這個國家。不管是公海狸還

圖374　貂（布列塔尼的紋章圖案）

圖375　毛皮商與顧客（1555年）

圖 376 藪貓及其觀賞者
（巴黎貓展）

是母海狸，他們都格殺勿論，也不顧及交配季節。結果導致整個地區的海狸全部消亡。直到1866年在緬因州才首先出現保護海狸的法規，同時法國也徹底失去了加拿大。

自從海狸的繁殖規模化之後，這種動物才不像過去一樣稀少。但是由於文明人想要裝飾自己，因此遭殃的動物還不止是海狸。黑貂在皮草中還占主導地位，不過在現代水貂是第二種受青睞的皮草。來自加拿大、蘇聯、斯堪的納維亞以及歐洲的大部分國家的水貂大約有1億之多。除此之外，阿斯特拉罕羔皮、波斯羊皮、豹貓皮、黑豹皮等等都很有市場。

圖中的藪貓（圖376）對穿著其同類的華麗皮毛的來訪者怒目而視，不過已經沒有危險了。牠的生命及其皮毛都很安全，而牠只不過是僅供「觀賞」的動物，以牠柔軟的身體和發達的四肢吸引注意。都市生活的局限迫使文明人把馴服的野獸關在籠子裡。首先發明動物園的亞洲、非洲和北美洲富有的統治者們卻能讓其動物盡情地吼叫，即使是在皇宮裡。模仿這一習俗的歐洲王子們也盡量給動物們自由，外出時僅用皮帶拴著（圖377）。菲拉拉公爵送給法國國王路易九世一隻獵豹做禮物，牠受過追捕野兔的訓練。弗朗西斯一世外出打獵時也常帶著一隻獵豹。法國國王睡覺時床尾有一隻獅子，據說牠和小牛一般大小，像農家的家畜一樣在皇宮裡遊蕩。

圖 377 選自「東方賢人的遊行隊列」之獵豹篇。（佛羅倫薩，1459 年）

圖378 兩個專門服侍朝臣官員或貴族的妓女
（卡普奇奧，1510年，藏於威尼斯卡羅爾博物館）

中世紀的貴族常擁有動物園，包括獅子、豹和熊在內，而且無論到哪兒，都帶著牠們以炫耀財富。在佛羅倫薩有一個「獅子宮」，收藏了歐洲最好的食肉動物。文藝復興時期隨著王子們財富的不斷增加，他們對私人動物園的興趣也愈加濃厚。弗朗西斯一世和蘇丹的蘇里曼二世有一個條約，答應給予他貿易便利，並派出幾批探險隊到東方尋找「奇獸」。1533年停靠在亨弗利爾的專門船隊有20頭野獸，包括4隻駱駝，其中一隻參加了1550年亨利二世和凱瑟琳‧麥第奇勝利進入法國名城里昂的遊行隊列。

在奧地利、瑞士及丹麥等地都有動物園。似乎是英格蘭的喬治二世最先提倡將動物園對公眾開放。1754年人們只要花3個便士，就可以在倫敦塔觀看動物。

珍奇寵物成了時尚，牠們在主人心中地位很高。並不是每個人都是王子或公主，也不是每個人都養得起獅子、大象、駱駝和犀牛，但是盡可能地趕時髦，養上一些既好看又能作陪伴的寵物。即使家裡沒有院子或周圍沒有合適的地方，總會有陽台等地方可以養鴿子等鳥類（圖378）。不過鸚鵡還是比較稀少（圖379）， 因此只有王子等人才養。

和外界接觸比較困難的德國統治者更喜歡馴養本國森林原野中的野獸。因為儘管沒有大象和駱駝之隊，但是坐在車裡由長著巨角的雄鹿拉著（圖380），這樣的場面也頗為壯觀。不

圖379 英格蘭的詹姆斯一世（油畫，1574年）

圖 381　芭蕾舞「阿米達」，女巫正在召集她的摯友。（雕刻，1617 年）

過當時也有不少充滿血腥味的遊戲，其中動物往往是可憐的受害者。1723年法蘭克福的一份報紙曾報導即將舉行一次激動人心的表演，屆時一群驢將被熊撕成碎片。另一條發自維也納的消息驕傲地宣稱：「今天5點鐘皇帝陛下將出席在一座巨大圓形劇場舉行的表演，一頭來自匈牙利的野牛，其耳朵和尾巴都裝上焰火，牠將被一隻大猛犬襲擊。隨後一群獵犬將猛攻野豬和熊。……熊將和小野牛廝殺，然後在觀眾面前把牠活吞。如果熊輸了，狼將來援助牠。……」在17世紀的義大利，特別是在羅馬，用動物作主角的表演也同樣受歡迎，只是血腥味沒有那麼濃。在中世紀大受歡迎的宗教大遊行已經停止，昔日的騎士精神和壯觀的馬上槍術比賽也風光不再。那些專門組織皇家娛樂活動的人不得不在基督教聖徒傳記的符號象徵之外尋找出路。

各種油畫、雕刻和浮雕都充斥著巴洛克式的想像，它賦予動物以充滿幻想的生活，所有的裝飾藝術都淹沒在瑣碎的細節當中。芭蕾舞「阿米達」的故事講述義大利詩人塔索之作「被拯救的耶路撒冷」的女主角，它和歷史事件幾乎沒有關係。故事中享有「基督教詩史之女巫」的女主角一時興起把基督教的騎士變成動物，讓漂亮的里納爾多騎士遠離十字軍，沒想到由她召集來援助的魔鬼也變成各色野獸，最後女巫自作自受（圖381）。

路易十四為慶祝凡爾賽宮的建成舉行了一場以古代希臘為主題的表演。眾神都在其中，春天騎在西班牙戰馬上，夏天騎在大象上，秋天騎在駱駝上，冬天騎在熊之上。節目的最後是一場水上芭蕾，專為凡爾賽宮製作的整個小船隊都參加：所有的船都是天鵝形狀，划槳的人都頭戴羽毛為飾。

巴洛克式藝術要求每一樣東西，哪怕是極為熟悉的日常物件，都要帶有詩意。一種文體形式的浪漫想像被宮廷的紈袴子弟應用到極端的程度，於是水節的船必須做成翅膀突出的天鵝狀（圖382），在戰艦上前面的一對大炮也必須變成獅子凶猛的一雙眼睛（圖383）。滑過冰凍湖面的雪橇如果不做成白雪天鵝之狀是不能通過的（圖384）。

圖382 巴洛克式的水上狂歡節（17世紀）

在這段時期大部分受歡迎的表演都宣傳天鵝的魔力，因此高雅的天鵝成為許多人夢想得到之物。為了裝飾凡爾賽宮的湖，國王命令從丹麥運來天鵝，大臣卡爾伯特要了兩到三百隻，但是大使只能找到40隻，後又送來許多天鵝蛋，於是國王又想到把天鵝放到塞納河上，這樣巴黎的人民就都能欣賞到天鵝的風姿了。

圖383 用獅子頭裝飾的船首（雕刻，1799年）

無論是在羅馬還是巴黎，並不是所有的事情都辦得如此規模宏大，人們對小巧玲瓏的寵物，特別是狗，顯示了真正的喜愛之情，因為牠給人一種家庭般溫暖的感覺。義大利畫家基多·雷尼的油畫作品「海倫之劫」整體上之所以表現出豐富又壯觀的內涵，完全是因為畫家對一頭黑白相間的可愛小狗極佳的自然主義刻畫（圖385）。甚至軍隊的將軍也有愛狗之心。當康戴將軍打完弗拉羅薩之仗以後，一頭丹麥大種狗猛撲過來抱著剛剛取勝的將軍。康戴撫摸著牠，對其部下說：「看看，這是我勝利的一部分。」從此之後，這隻狗陪伴他經歷了他一生中所有的戰役。

另一個例子是山多雷特騎士，在其37年的戰爭生涯中受傷無數，在弗拉羅薩戰役中失去了鼻子，在跨越萊茵河時失去了右眼，在斯坦科爾丟了一條胳膊，在馬爾普拉克丟了左腿，而

圖384 一本關於馬上槍術比賽技藝的論著之卷首插圖（里昂，1664年）

圖 385 基多‧雷尼之作
「海倫之劫」的細節。穿便鞋
的一隻腳旁站著一隻黑白相
間的可愛小狗。

在瓦朗謝納則丟了下齶。每回當他需要一點津貼時，便在愛犬
卡普勤的脖子上套上一個錢包，裡面裝滿了給善良人的消息。
狗則獨自出發，拜訪了十幾個人之後便滿載而歸。

這幅由西班牙畫家維拉斯凱創作於 1640 年的畫（圖 386）
描繪了皇家狩獵的場面。西班牙國王菲利普九世及其隨從貴族
正在訓練獵殺最凶猛的野豬。當場有一百多人，國王騎著白
馬，王后及其侍從坐在馬車裡觀看，周圍是一群獵手及社會名
流。不久之前這裡還是一個移動的場面，手下之人剛剛從林中
趕出一隻野獸， 國王或其貴賓則和牠進行廝殺。

在18世紀，尤其是在德國，此種形式的狩獵簡直變成大屠
殺。一位當地人這樣描寫：「成千個農民手持棍棒，把獵物趕
往王子所在之處。他們非常殘酷無情。狩獵之地有時占了幾個
平方英里的面積，周圍數以千隻的野獸都被趕到這裡。獵物被
迫經過用網隔開的幾條通道，最後被趕到一個湖裡。一群人站
著觀看這一切，在槍支的射擊範圍之外站著貴賓。當這些可憐
的動物被困在湖邊時，觀看獵人們向牠們開火是個令人同情的
場面，野獸們無助地任人屠殺，而人的野性也毫無正義可言。」

圖386 西班牙國王菲利
普的狩獵大會。一群貴族男
女及其侍從、獵手、狗等聚
集在大帳篷周圍觀看狩獵的
最後一幕。（西班牙畫家維
拉斯凱之作，17世紀）

維爾亭堡公爵查爾斯‧尤金吹噓說，在1737這一年他整整捕殺
了6500隻鹿和5000頭野豬。

　　由於統治者對國家擁有所有的狩獵權，所以他可以宣布任
何人不得以任何方式碰到野獸，否則就要被處死，或者是被沒
收財產。農民們為了保護其莊稼，只好整夜不停地大聲吼叫，
或者用棍子敲鍋底。一位旅行者經過安斯巴赫公國時，聽到平
靜的山野裡這片吼叫聲頗為驚奇，當問及其中緣由時被告知，
由於這片土地裡的野獸都屬於王子，農民們不能用武器防護農
作物，也不能用狗，不得已只好採用這種辦法。同樣地，據說
兔子毀壞莊稼還是法國革命的原因之一。

　　和以上如此大規模的盲目屠殺相比較而言，在17世紀的
法國有一種捕獵方式似乎是貴族娛樂中最克制和守規矩的。無
論是追捕雄鹿、雌鹿、野豬、狐狸還是野兔，其狩獵的方式都
具有相當的技巧性和複雜性。其中包含了大約300個專業術
語。野豬根據不同年齡有8個名稱，而雄鹿留在土裡的各種蹄

圖387 攝影者乘坐的飛機發出隆隆之聲,使一群鹿飛奔起來。

形腳印也大有學問,一位好獵手在黎明前的林中跟蹤獵物時,從雄鹿的腳印便能判斷出其種類、性別以及年齡。

隨著其鹿角的生長,這種歐洲最大的野生動物有許多不同的「點」,每一個階段都有其特別的名稱。5歲時稱之為「五尖子」,而兩年之後儘管牠已有12到18個「點」,其名稱卻不變(圖387)。

追捕不同的獵物對獵手來說區別頗大,比如狩獵野豬時,獵手只需跟著獵犬就行了(圖388);但是捕殺雄鹿就不同了,在前期的偵察和打獵的當天都需要懂得一些徵候,並表現出較好的林中人的技巧,懂得所追捕獵物的有關知識。直到獵手完成偵察回來並作了報告,才能吹響號角,開始捕獵。

18世紀的各種狩獵呼叫聲是一種複雜的語言,從皇家貴族對一頭5歲雄鹿之叫,到國王和王妃的號角聲,以及王后對2歲雄鹿的呼叫聲都頗為不同。指示方向的追捕叫喊不時打斷獵犬的低吠。

當捕獵持續五六個小時之後終結之號響了。獵手們把獵物的最好部位取出之後,其餘的就留給獵犬了。雄鹿的頭及鹿角

圖388 獵手帶著獵犬設陷阱逮到一隻野豬。

192

圖389 獵手們吹響號角，餵給獵犬肉食以刺激牠們追捕獵物。（賴丁格之雕塑，1698年）

圖390 在巴伐利亞森林裡一頭雄鹿在風中呼哧吸氣。

總是放在最上面，包裝完畢之後由車夫看守（圖389）。最後主人對主客——通常是位女士——表示敬意，另一次號角吹響了，表示狩獵完畢。

但是，雖然狩獵結束了，雄鹿卻不能放鬆，牠必須保持警

圖391 表演者與貓(16世紀)

惕以防偷獵者（圖390）。儘管森林裡戒備森嚴，偷獵者，尤其是從第二次世界大戰之後，已經變成雄鹿的最危險敵人了。

在英國，馬和獵犬比較喜歡的獵物是狐狸，因此鹿不是受捕殺的主要對象。捕鹿者用來福槍和望遠鏡武裝起來，乘其獵物不注意時接近牠並一槍把牠打倒。 鹿生長在北部和西部人煙稀少的地區，儘管牠們應該生活在茂密的森林裡，但是人類把樹都砍光了，牠們只好儘量適應野地裡的生活。在荒野裡牠們和牛羊一起吃草。當開放季節來臨時鹿被成百地捕殺，因此牠們也不會過多地繁殖。

不僅那些供得起私人動物園的皇家貴族喜歡看動物表演，歐洲各地的公眾也沉溺於此，常常是大街小巷擠得水洩不通。而此類表演中有相當大一部分殘酷到了極點。在布魯塞爾有一種「貓風琴」專供查理斯五世之子菲利普娛樂。大約有20隻貓被關在小得無法轉身的盒子裡，其中有小孔可讓貓尾巴伸出外面，並用線綁在一架風琴上。一隻受過訓練的熊負責按下琴鍵，每按一次貓的尾巴便被拉扯一下。貓都是根據其聲音的特點精選出來的，於是牠們的叫喊便產生一種類似音樂的聲音。

不幸的貓總是許多人類有意無意的殘酷行徑的受害對象。長久以來牠一直被認為是男巫女巫喜愛的熟客，因此在過去有這樣的習俗，特別是在聖約翰之夜，人們把貓裝在麻布袋裡扔進熊熊烈火之中。1674年比利時曾發布法令禁止把貓從鐘樓頂上拋下，不過這項法令在1720年被廢除了。貓更多的時候是雜耍中的觀賞物（圖391），當時牠還沒像今天這樣成為家庭的伴侶。著名的豎琴家杜普伊在1678年去世時，把鄉間的房子留給她的貓，並給牠留下足夠的收入以保證牠的餘生過得舒適，這樣的舉動在當時實屬罕見。

另一方面，會唱歌的小鳥無論是在宮廷裡還是在平民百姓中都很受喜愛。 1395年當西班牙人登陸加納利島時，他們從當地居民處學會了馴養黃色小鳥的方法，加納利島因為這種小鳥而得名。一位叫讓・德・貝滕克爾的法國領主在1404年把此種鳥帶到卡斯蒂里國王的宮中，又於1406年帶給巴伐利亞的伊薩寶，她是法蘭西皇后，也是摯愛花鳥之人。法國國王路易九世也熱愛加納利鳥，無論是他的城堡還是私人房間都有這種鳥的蹤跡。由於這位國王的緣故，巴黎的販鳥者才得以產生（圖392）。

由於西班牙人的占領，佛德蘭人也接觸到了金絲雀。在阿爾伯公爵的暴政統治下一些受迫害之人於 1565 年逃到了英格

蘭，並帶去養在籠中的金絲雀，從此這種鳥在此國大受歡迎。1580年瓦爾特‧雷拉爵士在一次返航之後獻給伊麗莎白女王一籠野生金絲雀。當看到牠們單調的灰綠色翅膀時女王頗為失望，尖刻地說：「這些鳥可能來自遠方，但這並不能使牠們更美麗。」爵士回答：「請陛下稍候片刻，您將欣賞到牠們絕妙的歌唱。」小鳥逐漸適應了倫敦多霧的氣候，牠們不僅開始展示其歌喉，而且還變成金黃色小鳥，這種鳥在經過囚禁之後總是如此。女王遂將這些小歌唱家贈送給朋友。在講述金絲雀的歷史時馬索‧勒讓德爾報告說，仍有許多英國大家庭在其家庭檔案中保存了金絲雀的標本，其中一隻小爪上還有伊麗莎白女王的字樣。

　　到17世紀金絲雀在社會各階層都備受喜愛。其中屬於路易十四的一隻鳥能哼10種不同的調。從16世紀開始巴黎的販鳥者數量受到法律嚴格的控制，以防止不誠實的交易。甚至鳥籠的製造商也要依據法定的時間表行事。不過我們將在本書的後面看到，人們對籠中鳥的熱誠卻從未減退。

　　隨後外來動物越來越多，儘管數量有限，卻極富吸引力。犀牛（圖393）在逐漸失去其神秘的色彩，雖然牠還是被迷信地認為帶有某種魔力，這主要緣於牠的角，人們以為犀牛角具有解毒和防止不孕症的功效。1740年之前在歐洲只有兩幅犀牛的畫被保存下來，一幅是杜洛的作品，為葡萄牙國王所有，另一幅是早期的世界旅行家讓‧查爾丁的作品。這種亞洲獨角獸首次對公眾亮相是在荷蘭的萊頓，由一位荷蘭船長帶回國。隨後這頭犀牛又被帶到巴黎，呈現在路易十四面前，接著又讓巴黎公眾欣賞，最後又到了義大利。

　　雅致的客廳中一對訂了婚的情侶在家庭教師的監督下玩一種上流社會的撲克牌（圖394）。這一幕中唯一不尋常的是畫中的主角是猴子。在路易十四的年代沒有哪個名流敢於用這樣的動物裝飾牆面，不過隨著時光流逝，歐洲藝術逐漸發展了對來自中國的事物以及來自東方的外來動物的想像。畢竟，既然人類社會充斥著戰爭、爭吵以及愚蠢的偏見，難道人在智力上就比動物高出許多嗎？但是在社會底層人們沒有時間對這種人與獸之角色進行哲學討論。農民們尤其還要面對殘酷的自然條件，而為生存而爆發的戰爭還未結束。當冬天來臨時，饑餓和寒冷把人們從伏爾加的森林中一路驅趕到盧瓦爾地區，其中狼仍然是人最可怕的敵人，而以下所發生的此類故事在邊遠地區遠非罕見。1764年在塞文山脈出現了一隻神秘的野獸——這是一個人煙稀少的地區，有高聳的山峰和森林茂密的陡峭山坡，

圖392　倫敦街頭的賣鳥者（18世紀）

圖393. 犀牛（皮埃德羅‧
龍奇作，藏於威尼斯博物館）

圖 394 選自「猴子的沙龍」壁畫。（克利斯特夫・俞約作，法國）

圖 395　1766 年製作的「赫
沃丹之獸」雕刻，牠於次年
被殺。

圖 396　城門外的射擊手
對著一隻陶土鴿子練習技
藝。(16 世紀)

即使在今天也是法國最偏僻的一處荒野。此物在夏天出現，專
門攻擊孩子和年輕人（圖 395），並有 4 個人被牠吞掉。

　　50 個騎兵走在最前方，隨後是 1200 名農民，他們在國王
手下最好的一位獵手的帶領下，浩浩蕩蕩向一望無際的森林出
發，去追捕這頭怪獸。最終獲得的結果判定此怪獸肯定是被施
以魔法，牠是個半人半獸之物。

　　朗格道克州懸賞要「赫沃丹之獸」的頭。他們在赫沃丹等
地召集了兩萬人的勢力，但野獸還是逃脫了。法國南部所有最
好的獵手都到此一顯身手，但是沒一人得手。隨後他們請了國
王的獵手、聖熱曼‧恩‧萊爾中將以及所有的最佳獵手來參戰。

此外還從各地召集許多專事追趕獵物的人。這支皇家獵隊還是一無所獲，讓怪獸溜掉了。不過事情有了轉機。一個農家女孩設法刺傷其喉嚨，幾個年輕人用尖尖的棍棒把牠驅趕到聖弗洛爾地區。得到消息隨後趕來的獵人把野獸逼到林中的角落裡，打光了一支裝著鉛彈的旋轉槍。1767 年 6 月 19 日聲名狼藉的野獸被捕，功勞應歸功於奧爾良公爵的護林人和一位名叫讓·查斯特爾的本地農民。這隻怪獸其實是一隻狼，牠身長 6 英尺，重 130 多磅。

人類一直沒法完全控制其周圍的環境，這一點從某種程度上促使他們繼續對許多動物施暴。仍有血腥的運動把動物當做標靶，當然要把動物縛起來以免牠逃跑。公雞、母雞和鵝常常被石頭投擲、被箭或者槍射擊、被劍砍頭等。中世紀的人常常與鸚鵡逗樂，喜歡牠「若在年幼時教則能和人一樣講話」，可是仍把牠當成一隻木頭「鸚鵡」固定在一個位置上，以便人們可以操練射弓的技藝（圖 396）。

越來越多的文學作品提倡人類給「兄弟般的動物」更多的友善和理解，這類作品頗受宮廷等地之人的喜愛。拉封丹（圖 397）用動物作例子教導人，他把獅子、狼、狗、黃鼠狼及野兔擬人化，賦予牠們人類才有的惡習和美德。他的這種做法是在遵循前人之法，比如印度的皮爾貝、希臘的伊索以及羅馬的菲杜拉斯。拉封丹沒有按照自然主義的手法刻畫動物，但只要是用於寓言，是否用自然主義的方法則並不重要。已退休的老鼠把自己埋在一塊大大的荷蘭奶酪裡（圖 398），卻對反貓聯合隊漠不關心，這樣的畫在任何時期任何地方都是人們喜聞樂見的。

這些大草原和森林的古老傳說在傳統的口頭傳誦中已逐漸變形，並不時被老練的作者記錄下來。新的文學創作又不斷給這些故事增添色彩。於是我們無法確切知道伊萬王子的金鵞鳥幾個世紀之中是經過什麼奇怪的途徑與金鷹聯繫起來的（圖 399），斯基台部落的珠寶又是如何與丹·吉佐特對一匹叫羅西南特之馬的愛惜之情有關聯的（圖 400），而桑丘·潘沙對其驢的關愛似乎又是直接出自東方的神話故事，就像西班牙小說家塞萬提斯在阿爾及利亞的伊斯蘭教地區給海盜當奴隸時可能聽到的那些故事。

在查爾斯·帕爾羅特的作品《鵝媽媽的寓言》中動物能講話，蜥蜴變成穿制服的步兵，貓也穿著靴子，戴著帶羽毛的帽子昂首闊步（圖 401）。不過這些故事中貓的角色表明了人們對牠的偏見仍未完全消除，就像"小紅帽"中的大灰狼（圖 402）

永遠使人懼怕一樣。在德國奧德斯堡的佳能・蘇米德的感人故
事中，布拉邦被一頭母鹿所救，格林兄弟講述公雞、狗和驢如

圖399 伊萬王子和金鶯鳥（本沃
努提關於「俄國寓言」的插圖）

圖400 丹・吉佐特及其愛馬羅西南特
被風車捲上天。（杜瑞雕刻作品）

圖401 穿靴子的貓（杜瑞關於帕
爾羅特寓言的雕刻作品）

圖402 小紅帽和狼（杜瑞雕刻作品）

圖 403 身上披著撲克牌和骰子的賭博惡魔吞下一座城堡。（16 世紀雕刻）

何想當布魯曼的音樂家，而後來這些聰明的動物又如何修正人類造成的不公正。在斯威夫特的故事中格列佛發現了一個馬的王國，牠們管理國家的方式比人類更理性。

寓言和童話故事中的動物常常是人類惡習、美德及弱點的化身，同樣在道德和政治寓言中那些已經相當熟悉的動物形象也是人類的象徵。特別是在整個 16 和 17 世紀中人們對這些一直爭執不休，這就給那些愛思辨的作家或藝術家提供了無窮的想像空間。其結果發人深思：我們可以看到賭博的魔鬼以令人恐懼的龍的形象出現，身上披著撲克牌和骰子，吞噬著房子和城堡等物（圖 403）。出於平民百姓逗趣的緣故，這種諷刺的手法被用到國王、王子、部長等大人物的身上。克倫威爾揮起槌棒砸爛天主教的大桶，一群端著蠟燭的貓頭鷹一邊從桶裡跑出來一邊叫喊著「國王！國王！」（圖 404）。只有博學的專家才能把這些各色各樣的角色的含義辨別出來，指出他們在當時公眾中的影響。

雖然動物被用來描繪人類的熱情和弱點，但是有關動物到底能否思考的問題卻使人們爭論不休。這場討論從亞里士多德開始，笛卡爾則從對人類有利的角度做出回答。顯然這位《關於方法的談話》的著名作者已斷然指出，動物沒有思考能力，沒有願望，也不能感知快樂和痛苦，即動物的一切行為都出自本能，牠們沒有靈魂，沒有理解能力。馬利布朗奇在討論這個問題時則略勝一籌，他藉狠狠地踢他的狗來證明笛卡爾學說，而狗每次被踢時都低聲吠叫。他於是指出，這難道不能證明狗僅僅是一台機器嗎？作者們藉助想像來反駁這些無情的理論。塞維尼亞夫人在責怪崇尚笛卡爾學說的女兒時，問她為何不能明白，動物也許是機器，「但是牠們是能愛的機器，牠們能表示對某個人的喜愛，也會嫉妒、會懼怕。」她列舉了百靈鳥的例子，牠能假裝自己受傷以吸引獵人的注意，從而掩護牠的後代；海狸也是如此；而兩隻老鼠能一起扶著一個蛋走路而沒有將它打破。拉封丹寫道：「看了這些故事之後，誰能說動物沒有靈魂？」

在所有這些理論家中，最早的一位是佛羅倫薩的博物學家馬加洛提，他用人類對動物的自然之愛來反駁笛卡爾學說：「我們對狗、貓、馬、鸚鵡或麻雀所產生的偉大、溫柔，常常是無意識的和非理性的愛。」但丁和塔索曾說：只有當我們的愛得到回應時我們才會愛。因此，既然我們愛動物，那麼動物肯定也愛我們，而並非沒有感情……不過使動物完全恢復其應有的地位的是斯賓諾莎，他提出，人的本性和馬的本性之間的區

圖404 理查德‧克倫威
爾砸爛一個裝滿皇族貓頭鷹
的大桶。（1659年，藏於倫敦
英國博物館）

別，可比擬為鳥與昆蟲之間、或哲學家與醉漢之間的不同，儘
管後兩者屬於同類。萊布尼茲及英國學派的哲學家們企圖一次
性地了結有關人與動物關係的笛卡爾理論。洛克（1632 —
1704年）寫道：「動物既不能被剝奪感情也不能被剝奪理性。
牠們與人的唯一區別是牠們不能明確表達其普遍性思想。」雖然
動物也思考和感知，不過「牠們只跟隨感覺思索個別的主題」。

　　然而這場爭論卻遠沒有結束，實際上它持續了一個半世紀
之長；只是人們不再把動物當成沒有感情的機器，這種理論已
不是主流。著名的17世紀畫家查理斯‧勒‧布隆，這位路易十
四統治期間學派風格的領頭人和藝術時尚的權威人士對人與動
物的特徵之類同之處作了一番特別的研究，他將一些類型的人
分別與牛（圖405）和熊（圖406）作比較，發現其中令人驚奇
的相似之處。

　　後來一位美國專家、康奈爾大學的斯托卡德教授提出，某
些荷爾蒙腺的失靈可導致人與狗產生類同。漫畫家艾默利‧凱
倫進一步推動這個理論，他補充說：「身體上存在相似之處並
不足為奇。我們甚至可以說狗與養狗的人之間相貌上有相似之
處。獅子狗貌似法國人，德國拳師犬頗像強有力的商人，而英
國牛頭犬則使人聯想起老式的鄉紳。」

　　從亞里士多德（前384 —前322年）之後，直到瑞典博物
學家林內（1707 — 1781年）的時代，人類對動物王國的認識

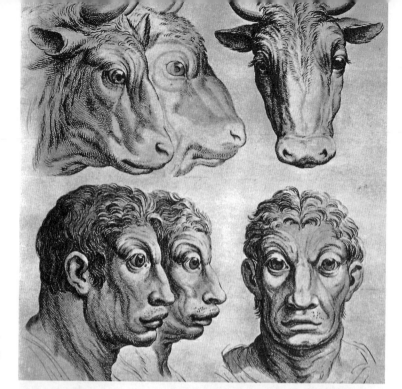

圖 405 查理斯・勒・布
隆（1619 — 1690 年）所做的
臉部研究，人牛相似。

圖 406 查理斯・勒・布
隆所做的臉部研究，人熊相
似。

都停留在同一個水平上。不過現在一群新的動物學家在轉變人
們對動物的態度上即將產生比那些哲學家前輩們更加深刻的影響。

在此之前有人已作過努力，其中比較突出的是英國的博物學家約翰‧雷（1627－1705年）和來自蘇黎世的瑞士醫生康拉德‧傑西納，其目的是揭開圍繞動物的無知面紗，對其進行研究。但是諸如普林尼（圖407）等所謂的科學家在研究中卻把事實、傳說和直覺混為一談。儘管當雷把鯨魚歸到哺乳動物一類時有些猶豫，但至少他把具有相似特徵的動物進行分類。查理斯‧德‧林內是一位瑞典牧師之子，他在拉普蘭、英格蘭和法國等地旅行過。嚴格地說他是一位植物學家而非動物學家，他把動物王國分為6種基本類型：鳥、哺乳動物、魚、兩棲動物、蠕蟲和昆蟲。這樣的分類可能有些簡單，不過其優點是把人放在最高級的類別，即靈長類動物，這一類還包括其他三組：蝙蝠、狐猴及猴子。不過當林內在考慮物種起源時便不敢冒險了。他堅持按照《聖經》的說法，即物種是上帝創造的。

圖407 在研究動物圖片的老普林尼（16世紀雕刻）

同一時期住在法國的布封為自己在前沿科學家中取得了一席之地。26歲時他成為科學院的準成員，32歲成了正式成員。他擔任皇家花園的主管，這使他得以對全國博物學家之作進行全面的重新組織。雖然受到來自巴黎大學前身的索邦神學院的強烈反對，以及包括伏爾泰和百科全書編撰者在內的許多同時代精英的對抗，布封還是完成了一部自然史，他希望此書將成為非常精確的自然史書，它有36卷之多，直到布封去世時還沒有完成。書中布封對馬、大象、蜂雀、獅子以及其他許多動物的描述後來成為這些種類的最有權威的定義。《自然史》初版時就成為暢銷書，取得了比其同時代的作品《百科全書》等更輝煌的成就。

布封和林內之間互相嫉妒對方所取得的成就，前者認為把人放在靈長類動物種類中是一種侮辱。他堅信自然的口號是獨特性，而林內所沉迷的那種狹隘的分類只不過是知識分子的遊戲。也許是由於他的權威地位，他始終堅持種類不變性的定義，這種定義在人與動物的關係中從一開始便維護人高於動物的優越地位。不過布封也承認，自然界中存在某種動力，它在過去已經使動物王國發生了巨大的變化，而且目前還在發生作用。

在1809年出版的《動物學哲學》一書中，作者拉馬克敢於第一次提出，某些動物種類來自其他的動物，而且從簡到繁。他試圖從生物對環境的適應能力的角度來解釋進化的過程。不過拉馬克畢竟是一位哲人而非博物學家，而且他提出這樣的觀點還為時過早。半個世紀之後進化論才趨於成熟。另一位法國人喬治‧居維葉（圖408）把拉馬克缺乏信心的進化理論扼殺

在搖籃中。和布封一樣，居維葉是一位認真又辛勤的研究家，在事業上也享有極其權威的地位。由於是一位新教徒，他到德國的斯圖加特求學。1789年他20歲，和拿破崙同齡。他本來希望任職於武爾廷堡的森林和水道管理部門，最後卻來到諾曼第。他在這裡研究植物，觀察魚和甲殼類。在解剖的過程中他得出這樣的結論，那些所謂低級動物的身上有和高級動物一樣完整合理的組織結構。居維葉收集了許多化石，也許是受到當時整個歐洲大地震的啟發，他進一步提出，各種各樣的地質循環都是地球巨變的結果，洪水或地震等巨變毀滅了所有的有機生命形式，三次迫使自然界整個進行重組。這個假設引起巨大的爭論，不過居維葉憑藉其對古生物學的發展和對化石的研究，至少證明了地球上的生命歷史可以追溯到人類之前的遠古時代。他把動物世界分為4個基本類別，其中人類被歸類於脊椎動物之中。

　　由於18世紀博物學家們的努力，19世紀的人們才得以對動物王國有更偉大的發現。收集動物對一些人來說不僅僅是一

圖408 居維葉（1769—1832年），比較解剖學和古生物學的創始人。

種隨便的愛好,所收集的動物也不只是被當成展覽物。文藝復興和17世紀以來有一些動物收藏者以其科學的興趣而著名,比如博洛尼亞的尤里希斯·阿爾杜瓦提,維羅納的法蘭西斯科·卡爾希拉里,以及威尼斯的費朗特·英伯拉多(圖409)。當這些收藏對公眾開放的時候, 推動了人類對動物生活更詳細的研究。

著名的布封於1788年辭世。之後受到教育的公眾,尤其是婦女紛紛熱情洋溢地投身於對「自然史」的新追求中。不過婦女們對科學探尋的純粹精神被許多情感沖淡了。法國畫家布徹已為她們描繪了一幅浪漫的世界,其中自然對婦女的美麗充滿敬意,農場的家禽把田園詩似的景像裝扮得非常動人,所有的鳥都像斑鳩一樣可愛(圖410)。一百年以前多明戈·贊比利曾被頗為輕蔑地譽為「女子畫家」,因為他的畫中常出現斑鳩(圖411)。然而世事變遷。普魯士國王腓特烈大帝曾帶兵遠征歐洲的各個角落,在談到對打獵的看法時這位國王雖然嚴屬,卻也表達了極其豐富的感情。他說:「這種熱情在國王及貴族中相當普遍,在德國尤其如此,這是運用體能而不是腦力的一種愉悅感覺。它只是一種追趕並殺戮某些動物的強烈願望。……在各個時代中狩獵主要是一種消遣的方式。」

「……假設過多的獵物正在使鄉間農民毀滅,那麼殺掉這些動物的任務自然就落到獵人頭上。」實際上一群義大利灰狗常常陪伴在腓特烈大帝左右,牠們乘著由6匹馬拉的馬車裡,跟隨他經歷過所有的征程。

不過令人驚奇的是,在缺乏溫柔性情的人中,比如小孩和狗之間(圖412),也經常存在這種親切細緻的感情。曾寫下許多極其殘暴的悲劇的作家克雷比隆毫不掩飾他用狗作陪的喜好。「對人我認識太多了,」他說,所以寧願單獨和他的烏鴉、狗和貓等圍在桌邊用餐。在那些通常被同伴討厭的人和其寵物之間存在著一種神秘的關係。比如儘管法國紅衣主教黎希留地位顯赫,卻和一群貓住在一起, 而當時貓根本就不是時髦的家庭寵物。

隨著人們對動物越來越情有獨鍾,一種新的職業興起了:教鳥吹口哨。金絲雀越來越時髦,於是有人專門用笛子等教牠們哼一些流行的曲子。康戴公主就雇用了一位樂師來調教金絲雀,樂師為鳥兒們專門譜寫了序曲、進行曲和加夫特舞曲。在天氣晴朗的時候,鳥籠會被安放在公園的樹蔭底下,公主和她的兩位女兒就座之後,名叫赫爾維·德·昌特魯普的樂師給鳥兒一些提示,接著音樂會就開始了。不過金絲雀其實不必教,

圖409 費朗特·英伯拉多的私人博物館，它收藏了魚、貝殼、爬蟲類及鳥類。（《自然史》的標題頁，威尼斯，1672年）

圖410 維納斯、丘比特和斑鳩在一起。18世紀特別鍾情於古典神話中的溫柔、田園詩般的一面。（布徹作品）

圖411 17世紀多明戈·贊比利的一幅畫

牠們的歌會唱給每個人聽。英國人啟德寫道：「牠為夫人的客廳帶來歡樂，為裁衣女的家帶來幸福。牠為最貧窮的家庭送去一絲陽光和一點音樂。」

馬是歐洲高貴的宮廷生活的重要組成部分。16世紀時一群法國和德國紳士來到義大利那不勒斯的騎校學習，這便是遠古羅馬的馬術傳統的繼承人。他們把騎馬的方法帶回國，並奠定了整個歐洲的馬術模式。一個在吉安·巴提斯塔·皮納塔利手下學藝的人收集了教育年輕的路易十四的所有課程，並寫下了叫《皇家騎校》的騎術手冊。書的作者德·普魯維納爾隨後成

圖 412　絕術斯小姐。周書華。
雷諾德爵士（1713－1784年）作。

圖 413 馬背上的西班牙菲利浦四世之子巴爾薩瑞·卡羅斯（1629—1646年）（維拉斯凱作品）

圖 414 歐洲最負盛名的
波蘭騎兵（波蘭克拉科夫圖
片）

為騎校的老前輩，使騎術在凡爾賽宮發展到盡善盡美。另一位
更著名的教頭是弗蘭斯瓦·盧比聖，他在路易十五統治期間出
版了《騎術手冊》一書。此類騎校使馬成為高貴的主角，比如
在西班牙畫家維拉斯凱（圖413）的作品中馬就被畫得極為細
緻。最近的一位為維拉斯凱寫傳記的作家拉夫恩特·菲羅拉說：
「維拉斯凱把動物作為上帝的動物毫無保留地接納到他的世界
中。作為畫家能如此深刻地了解動物的高貴之源，實屬罕見。」

　　不過這種騎校卻並不能提高騎兵的戰鬥力。自從槍炮等武
器代替了中世紀的長矛之後，馬的速度就變得太慢了。就連路
易十四的著名騎兵也充其量是馬背上的漂亮木偶。腓特烈大帝
第一個認識到騎兵貴在能移動並且神速，所以主要需依賴於劍
的使用。1757年在羅斯巴克38位騎兵在蘇比斯元帥的帶領下
打敗了502名敵人騎兵。

　　拿破崙恢復了法國軍隊中戰馬的重要性。他認識到必須
取消18世紀激戰的概念，用突然、大規模的襲擊取而代之。不
過最重要的是他使用了波蘭騎兵（圖414），他們專門繼承了

圖 415 騎兵之首的穆拉
特於 1799 年 7 月 25 日在阿布
克爾沙灘正衝向土耳其軍。
（法國畫家葛羅一幅油畫的細
部，藏於國家博物館，凡爾
賽宮）

早期傳統中的速度和靈活性。拿破崙把他們變成用長槍武裝起
來的輕騎兵，創造了法國的長槍騎兵，很快就獲得了聞名遐邇
的英勇名聲。

　　如第二騎兵團這樣在人與馬的關係中所顯示的關愛之情已
經到了令人驚奇的程度。當馬爾波將軍在一場小戰役中受傷倒
下時，他所騎的母馬利斯特猛然衝過去，這時有位軍官正要把
牠的主人砍倒，牠抓住此人的頸背，將他揪出來猛踩一番，然
後又衝過去把將軍救到安全的地方。

　　儘管這些純種馬和主人一起為法蘭西、英格蘭或者奧地利
而戰，可是牠們自己卻沒有國家，或者說如果有，也是在很久

以前的東方，那裡是牠們的出生地。

　　當拿破崙手下的穆拉特將軍帶領最著名的騎兵衝鋒陷陣，在阿布克爾沙灘追殺土耳其敗軍的殘渣餘孽時（圖415），被法國人騎著的阿拉伯馬有種回家的感覺。這些馬生長在諾曼第種馬場，可是牠們的祖先卻是由十字軍遠征從東方帶來的阿拉伯種馬。

　　18世紀英格蘭的三種最著名的種馬也都來自阿拉伯，牠們分別是：白爾利－土耳其馬，大理－阿拉伯馬和古達爾芬－阿拉伯馬。有關牠們的故事很簡單。白爾利－土耳其馬是威廉三世的一位陸軍上尉從東方帶回的。一位英國商人在敘利亞的阿勒頗做生意時，用一桿好槍換來巴爾米拉的一匹沙漠之馬，此馬屬於哈赤拉尼品種，據說和當年著名的所羅門馬是同一品種。1705年這位商人把馬送給他的兄弟約翰·布魯斯特·大理，他是約克的一位飼養員，大理－阿拉伯馬就被放在他自己的馬廄裡了。第三匹種馬的故事要從法國開始。1731年突尼斯王把8匹種馬送給路易十五，但是路易十五錯誤地估計了這些馬的真正價值，他以低得荒唐的價錢把馬出賣。一位叫庫克的英國人看到其中正在拉灌水車的一匹，他馬上把這高貴的牲畜買下來，此人在英國的養馬史上影響重大。

　　這三匹種馬的混合後代產生了瓦赤木、希律王和因牠出生時出現日蝕而得名的日蝕等名馬，後來的英國純種賽馬都是這些名馬的後代。

五、動物爲靶

　　當19世紀的學者對於動物行為頗有興致地展開探討時，越來越多的人卻只對殺戮越來越多的動物感興趣。工業文明也由此正在大量地消耗大自然的財富，諸如肉類、皮貨和油脂等一次性消耗用品，人們根本沒有想到這種長期性的破壞將帶來的惡果。鯨魚、美洲野牛和野馬目前只剩幾千頭。非洲土著人過去對動物懷有恐懼和敬意，現在竟學會了用象牙、牛角和獸皮做買賣。鴕鳥、馴鹿和長毛海豹幾乎完全絕跡。除了供人類娛樂、飲食和穿著外，動物只能成為獵人捕捉的活生生的目標，或是作為古老的運輸工具，背負如同鐵路、汽車所承載的越來越重的貨物。但是，反對的傾向也顯而易見。詩人、小說家甚至是普通大眾，也開始思考這種奴役將導致的災難後果。

圖416 澳大拉西亞:科莫
多龍,或許是史前怪獸中最後
的倖存者。

庫克船長在1768－1780年期間有過三次遠航，雖然沒有發現所謂的「第五大陸」，但是他為人類通往澳大利亞和其他一些太平洋島嶼開闢了通途。由此也為歐洲的科學家們提供了研究在這裡新發現的動物的條件。從1800－1812年間，袋鼠、無尾熊等有袋類動物開始為人所知；還有鷸鴕（又名幾維鳥），這種世界上唯一靠氣味覓食的鳥，得益於牠長喙末端的兩個鼻孔；而食蟻獸是一種形似豪豬的動物，只是牠們產蛋。

在活化石的最新發現中，我們還找到了從遙遠的過去存活下來的所謂的「龍」，那是在1912年有一名飛行員在松答群島的科莫多島上飛機迫降後發現的。這種生物屬於原始的爬行動物，有7英尺長，300多磅重（圖416）。當然還有許多其他的動物依然變化不大，或多或少保持牠們幾百萬年以前的樣子。 1797年在澳大利亞新南威爾士州人們捕獲了一隻小小的哺乳動物，這使得科學家們花費了上百年的時間來研究。這就是鳥獸特徵兼有的鴨嘴獸。學者們稱之為「兼有動物」：這種熱血生物有深棕色的皮毛，連蹼的掌，寬而扁的尾巴，還奇怪地長著鴨子一樣的喙。鴨嘴獸給幼獸餵奶，這很清楚是哺乳動物的特徵，然而牠卻是卵生的，死去後從其骨架來看，鴨嘴獸的生殖器官與鳥類和爬行類動物的器官相似（圖417）。

1813年有一位年輕的自然學家查爾斯·達爾文乘船環遊地球，他在加拉帕各斯群島有一個驚奇的發現，該島距離南美洲海岸有幾百公里遠，達爾文在這裡發現了在世界其他地方人們見不到的稀有的鳥類和獸類；當然巨型龜和巨型蜥蜴在美洲個別地方也有所發現（圖418）。於是達爾文發展了一種學說，那就是說生物之所以沿著不同的生物方向演化是由於適應各自環境的結果（這也是早於達爾文一個世紀以前拉馬克觀點的延伸）。在經歷了長達25年漫長的研究和耐心的論證以後，達爾

圖418 達爾文在加拉帕各斯群島。（繪於1881年）

圖417 鴨嘴獸這種生物雖是卵生，卻能給幼獸哺乳。

文終於在1859年印製出版了《物種起源》。此書當時引起了學術界和哲學界的動盪，其革命性的觀點甚至還引起了政壇的波動。卡爾‧馬克思稱之為「一本囊括我們理論的自然基礎的書」。達爾文在書中不僅給人類和動物作了界定，他甚至道出了二者之間的關聯。進化論著重闡述了物競生存和自然選擇的法則。達爾文認為時間和行為導致了生物間不同的演化。只有那些具有強壯特性表現的個體才有機會存活。「假如人類的腦力與其他動物相比沒有質的區別的話，那麼他與其他動物就沒有什麼兩樣。」

達爾文革命性生物理論的發表引起了巨大的爭議，英格蘭的托馬斯‧赫胥黎與德國的恩斯特‧海克爾對此堅絕擁護。在對人類和猿類作過平行對比之後，達爾文對動物性作了一番簡短的論述：「對於我個人而言，我願意欣然接受自己是來源於並承繼於一隻具有英雄氣概的小猿猴，牠面對可怕的敵人拯救自己，或是一隻年老的狒狒從可怕的獵狗尖牙縫中機智地救出年輕的同伴並且把牠帶到安全地帶，或者是從一個喜歡殘忍地折磨敵人的野人手中逃脫了被血祭、殘酷地殺嬰、根本沒有一絲憐憫的血腥強暴的命運。」

那些相信物種定論的學者和教會斷然拒絕「人來源於猴子」這種理論。不斷積累的科學研究成果也在肯定或反駁達爾文的觀點。達爾文之後的一個世紀，教會開始以調和的態度對待進化論，雖然教會的長老們仍然難以接受。無論怎樣，這種表明有機體元素的變化決定發展而非片面強調靈性決定發展的理論，換言之，表明生物的演化傾向於優勝劣敗的理論，最終還是占了上風。達爾文的理論也為馬克思的哲學發展奠定了不可或缺的理論基石。

隨之而來的發現也加速了人們對澳大拉西亞及其生物的開發探索，鳥類學由此邁出了可觀的一步。約翰‧古德在1840年帶著速記本和顏料穿越了澳洲，帶回來681幅彩色動物圖畫，其中的澳洲小鸚鵡成為後來歐洲家養鳥類的時尚品種。阿爾弗雷德‧魯塞爾‧華萊士，這位達爾文理論的急先鋒，把第一批天堂鳥帶到了倫敦。達爾文隨之指出天堂鳥誇張的扇形羽和冠冕狀的頭羽都有其實際的用途，因為雌性都喜歡選擇最漂亮的雄性，從而使得物種間最優異的得以延續。達爾文在發表於1871年的《人類的本質與有關性行為的選擇》一書中強調，隨著時間的推移，人類的性行為選擇在人類進化中呈現出顯著的傾向性。

從1782—1795年，一個叫Ｍ・艾利澤・布洛克的德國人花費了13年的時間寫出了一本12卷的巨著《魚類自然史》。在1798—1805年間，拉西匹德也寫出了6卷《魚類自然史》，這是對法國博物學家布封作品的有益補充。另外，在1829—1849年間，庫維爾在法國北部華倫西安人的幫助下寫出了25卷的新《魚類自然史》。這種生物研究理論的不斷更新很有指導意義。在歐洲的鹹水魚類中紅刀魚用兩根觸鬚像歐洲淡水白魚那樣探索海床，漁夫魚生有一條漁線狀觸鬚用以引誘小魚撞進牠的大嘴（圖419）。馬里亞納島的居民在漁網裡發現了電魚（圖420），牠居然能夠產生電壓把被捕獲物電昏（圖421）。還有球魚能在魚鰓中充氣呈圓形，並且像豪豬那樣渾身長滿了倒刺（圖422）。還有一種長滿了長鬚、隨時誘殺小魚的魔鬼魚（圖423）。

現存的古老物種裡最大的無疑是海蛇——人們對此種說法頗有依據。無數的傳說中提到過海蛇，最早的傳說中涉及到中國的第一位皇帝秦始皇，在他尋找長生不老藥時，他的傳令官說他們見到了海蛇，但是無法靠近。於是秦始皇命令敲鼓嚇唬龍王。據說鼓聲使龍王浮出水面，足有500英尺長。皇帝命令弓箭手放箭，海水於是被龍王的鮮血染紅。但是這位陛下卻在一個星期後死去——大概是受到了驚嚇。

亞歷山大大帝在他的玻璃船裡的遭遇也不過如此：有一隻大型動物，據說花了整整兩天兩夜，才把身體活動了一下；而另一個大型動物，據說是受天使的命令，像閃電那樣從天而降，但是亞歷山大等了三天三夜才見到牠的尾巴。

這些都是東方說書者的誇張描述，可是近幾個世紀以來，越來越多的親眼所見都證明海蛇的存在。我們在前面也見過奧拉烏斯・瑪各努斯主教所說的一條200英尺長的海蛇。一位來自倫敦的新教部長說，1656年1月6日在北歐斯堪的那維亞海域見過同樣長的怪物。1734年6月6日，一位挪威傳教人員保羅・麥基德聲稱，他在格陵蘭島附近有一次驚人的奇遇：「一隻怪物的頭部比主桅杆還要高。」1746年據貝爾根港口總督馮・費里說，他見到個頭小一點的怪物，長著白色的鬃毛。

不管是學者，還是旅行家，抑或是道聽途說的傳播者，都興致勃勃地打探有關這「鬼怪」的蹤跡，哪怕是最渺茫的線索。究竟哪些是事實，哪些完全出於想像（圖424），竟變得撲朔迷離。不過，至少在漫畫家們筆下這「海怪」顯得像那麼回事（圖425）。

最有說服力的描述出自戴德路斯號的麥凱船長，說在南大

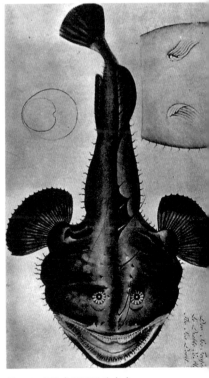

圖419 布洛克所述的漁夫魚

圖420 太平洋上的馬里亞
納島土著居民在淺水中網魚。
（銅版畫，取自一名跟隨考察
隊隊員的手繪，1819 年）

西洋遇到了一隻60英尺長的蛇形動物。關於海怪的大部分描述
多半都是人們從巨型的海獅、巨大的槍烏賊（很長時間以來，
牠的存在是一個謎）、鯨魚以及海豚這類巨大的海洋生物身上加
以想像構思出來的。但這絕不是一個充分而有說服力的解釋，畢
竟所有的跡象都表明，海怪不屬於任何一種人們習見的動物。

還有很多記錄在案而無法解釋的現象，比如，1905年兩個
動物學家乘坐瓦哈拉遊艇在巴西海岸所見。又如，1893 年 12
月 4 日，克林格船長在南非海岸看到一條「形狀像蛇的巨大的
魚」。一位19世紀的自然學家菲力普·高斯甚至認為，海蛇很
可能是古代大型爬行動物蛇頸龍滅絕期的倖存者。

1938年發現的有活化石之稱的空棘魚屬於蛇頸龍以前的某
個物種，但是這也說明不了所謂蛇頸龍存在的假想。然而這並
不能說明一種史前魚類可以存在，而一種史前爬行類就不能存
在。或許海怪是一種長著長而扁平頭骨的古老的鯨魚，因為這
種鯨魚的化石已經被發現。

自從1833年世界各大媒體都在炒作蘇格蘭的尼斯湖怪獸。
甚至有一位馬戲團老闆出價 2 萬英鎊捉獲怪物，而紐約動物學
協會更加慷慨地出價 5 萬英鎊。 1933 年 7 月 22 日，一對姓斯
博瑟的新婚夫婦說，他們在離尼斯湖不遠的墨利海灣划船時發
現一隻怪獸出現在船頭水面，於是一向平靜的蘇格蘭因墨利海
灣一夜之間獲得了國際聲譽。據說怪獸體型龐大，類似蚰蜒，

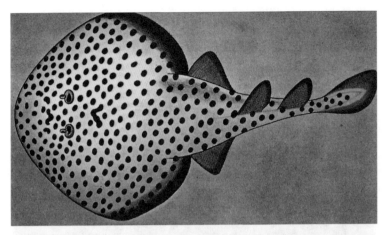

圖421 捕於印度洋的電魚
(18世紀手繪，倫敦)

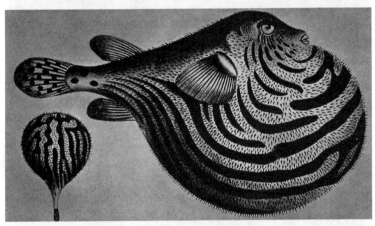

圖422 球魚 (《魚類自然
史》M・E・布洛克，柏林，
1786年)

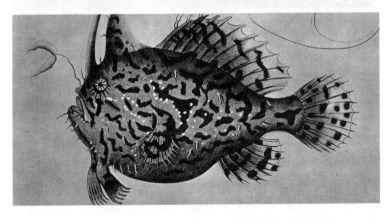

圖423 魔鬼魚，嘴上的觸
鬚不停地搖擺，以誘捕小魚為
生。(M・E・布洛克，1786
年)

無腿，長有起伏的脖頸，伸出水面，「有點像曲折前進」，他
們見不到怪物頭部。從此以後不斷有人聲稱見過怪物。牠是否
是一隻來自海洋深處的大型海豹，還是一種早已滅絕的海龜的
倖存者？1962年一家研究所開始對尼斯現象作總體調查，參與
項目研究的是著名英國自然學家彼德・司各特。人們期待著謎

圖 424 美國薩利號縱帆
船在長島附近海域遭遇海怪襲
擊。（1819 年 12 月）

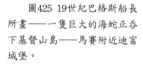

圖425 19世紀巴格斯船長
所畫──一隻巨大的海蛇正吞
下基督山島──馬賽附近迪富
城堡。

團早日破解。

　　水手往往把常見的鯨魚、抹香鯨錯認為海怪。當我們設身
處地考慮到這些水手所處的險惡環境，那就不難解釋。捕捉鯨
魚從來都是冒險的行當，冒險的過程往往具有強烈的戲劇效果
（圖426）。捕鯨的傳說也不計其數，1870 年 10 月馬紹·真金
斯在亥可特號上做二副時，在南部海域捉獲了一隻抹香鯨，憤
怒的動物用尾鰭將船隻掀翻，把水手吞進嘴裡，潛入水中，再
浮出水面，而水手們卻奇蹟般地生還。水手們使盡招數和鯨魚
搏鬥，才救出身負重傷的真金斯。當他們最終把鯨魚殺死後，
發現鯨魚身上已經多處中彈，彈殼上刻有不同船隻的名字。

　　儘管你不招惹鯨魚，牠會和你相安無事，但鯨魚的威力是
相當驚人的；即使是一頭受傷的鯨魚，也能進行邪惡的復仇。
1821 年，一艘名為伊賽克斯的捕鯨船在赤道附近的太平洋海域
遭遇一頭受傷的抹香鯨。當這頭抹香鯨的頭部撞擊在船體時，

這艘重300噸的大船立刻沉落海中。船員們在救生船上經歷了60天的悲慘生活,其中大部分人就死在這段日子裡。1858年8月,安‧亞歷山大號縱帆船被一頭鯨魚撞沉,在此之前這頭鯨魚已經毀掉了亞歷山大號的兩艘船。5個月以後,瑞彼卡‧西姆斯號的水手在他們的戰利品身上發現了深深扎在這頭鯨魚肉裡的魚叉和晶石的碎片,上面都有亞歷山大號的標記。

鯨魚也沒放棄對蒸汽船的注意。1890年挪威的戈拉塔號被一頭受傷的鯨魚重創,鯨魚的力量如此之大,以至於船體下沉時鯨魚的頭還卡在裡面。甚至在1954年人鯨大戰還在上演。考斯45號在北冰洋遭遇一頭55噸重的雄性抹香鯨,一個推進器的葉片被撞壞,另一個被撞彎。就在附近停靠的「考斯莫斯第三代」幸運地捕到了這頭龐然大物,而考斯45號卻不得不返航修船。

儘管不是珍稀品種,但這世界上最大的哺乳動物也是令自然學家感到最難研究的一種。因為難以了解,大量的傳說由此而生。與拉瑟彼——他當然是一位嚴肅的科學家——對鯨魚的激情相比,對海蛇的觀察研究算是較為冷靜的了。拉瑟彼說:「這些巨大的鯨類壽命相當長,在一隻雄性鯨魚和一隻雌性鯨魚死去前,會看到差不多7200萬頭兒孫鯨魚圍繞在牠們身邊。」談到他對鯨魚的觀察,拉瑟彼表現出不亞於太空人登臨太空的激動:「讓我們想像自己在太空的某個地方,地球在我們腳下很遠的地方運行。從這麼遙遠的地方回望,我們再也看不到犀牛、河馬或是大象、長蛇,但我們仍能看到在水體表層大群的生物正急速擴張,掀起排山倒海的巨浪。從這個想像的高度,我們或許可以相信,鯨魚是這地球唯一的居民。牠們天賦如此

圖426 19世紀德國木刻畫——捕鯨船與抹香鯨之戰,想要捕捉這些凶猛的鬥士,可是一件相當危險的行為。

圖 427 鯨魚（取自 14 世
紀牛津手稿）

巨大的尺寸，以至於用地球上的任何一種測量方法都顯得有些
費勁。」面對這樣的描述，再說什麼也是多餘的了。

幾個世紀以來，是什麼促使人類以如此頑強的意志去征服
世界上最大的動物，甚至不惜以劣勢對抗這最可怕的強敵？
1647年出版於法國波爾多的《海洋的用途與習性》一書中，克
萊拉克對此作了清晰的解釋「鯨魚的價值巨大卻又輕而易取，
魚油和魚骨是相當有價值的商品，用途最為廣泛而且可以直接
出售。」鯨魚油可以用來密封船艙、做燈的燃料、打磨徽章、
製作肥皂，還可以塗抹在紀念碑表面，使之長期免受風、雨、
空氣、陽光的侵蝕而得以保持表面的光潔。鯨魚的骨頭可以用
作製造傘柄、扇骨、鞭柄、女士的束腹，還可以製作成供裁
縫、木匠以及其他行業的人使用的各種工具。鯨魚肉，特別是
舌頭，更為美食家們所津津樂道。甚至房屋的橫樑都可以用鯨
魚骨打造。最後，值得一提的是，抹香鯨的腸道分泌物龍涎
香，是香水製造業的珍貴資源；而從其大腦中提取的鯨腦油，
更是被大量使用於製成醫藥製劑、冷霜和蠟燭。

中世紀的人們普遍相信，鯨魚能夠用背頂起整艘船（圖
427）。關於聖者布倫丹的傳說中曾寫道，他站在一隻鯨魚的後
背上渡越大西洋，而他的同伴們錯將鯨背當做一個島。

儘管斯堪的那維亞的水手們最先捕捉鯨魚，但是南歐比斯
開灣巴斯克的漁民早已了解如何利用那些被衝上海灣擱淺的鯨
魚。後來，他們發現了沿海灣捕捉鯨魚的方法。到15世紀末，
他們似乎開始和斯堪的那維亞人、不列顛人、荷蘭人在挪威的
施匹茲貝爾根附近的北冰洋海域捕鯨。

來自聖讓德盧茲的一名船長最先想到，在船上設置燃燒爐
將鯨魚脂溶化，來躲避陸地上的外來競爭者的侵擾。1611年，
當莫斯卡維亞公司決定把鯨魚作為該公司皮毛生意的新品種
後，巴斯克的捕鯨者很快地加入了這個行列。荷蘭人仍是最棒
的捕鯨手。但是，他們竭盡所能地屠殺大量的鯨魚，以至於斯
匹茲貝爾根海灣的水域中已難見鯨魚的蹤跡。於是獵鯨行動一
直向北，直抵北極冰層。如果不是獵手們突然被南部海域的抹
香鯨吸引，那麼北部的鯨魚極有可能徹底滅絕。

有兩本敘述北方捕鯨人捕鯨的經典著作是德國人富力德里
克・馬丁的航海日誌和蘇格蘭人斯高斯比的《捕鯨描述》。然
而有史以來最偉大的捕鯨史詩都發生在南部海域。1851年，赫
爾曼・梅爾威爾發表了著名的《大白鯊》，講述了他自己作為
一名美洲捕鯨者在海上捕鯨的親身經歷。

然而現實中的捕鯨者往往是在每年的同一時間離開母港，無論海上收穫如何，又在另一個固定時間返航。那些專捕抹香鯨的漁民（當然他們也捕捉其他鯨類）往往需要兩至四年的環球航行，如同庫克船長和杜芒·杜威爾船長的環球航行經歷那樣，可謂險象環生。無論人們捕捉的是什麼樣的鯨魚，最大的和最稀有的藍鯨、最快的鰭背鯨，還是抹香鯨，人類捕鯨的經歷總是帶有史詩般的輝煌。當水手在瞭望台一旦發現遠處水域鯨魚背上噴出的水柱便會大呼：「發現目標！」於是人們掉轉船頭向鯨魚駛去，進入射程後，炮手便來到船頭準備就緒（圖428）。五六頭被打中的鯨魚裡，通常只有一頭被捉牢捕獲。而放棄這次機會， 那麼就很可能空手而回。提爾瑟林在1866年

圖 428　好望角附近的人鯨大戰

圖 429　18 世紀捕鯨行動中剝取鯨脂的場面

圖 430 逆戟鯨正吞下一
條大魚。

圖 431 美國印第安人在
淺水捕鯨。

觀察捕鯨時說：「從捕鯨船上分列兩側的普通水手們渴望的眼神裡，從高級船員細緻觀察的態度上，人們不難看出他們都很害怕。但是他們能從職業的角度上告訴你鯨魚現在是否潛入海底，還是仍在水下游弋，或是即將浮出水面，於是他們就會調轉船頭，相機行事。現在就需要船員一切服從命令，因為所有人的安全都在此一舉。有的水手在這關鍵時刻甚至恐懼得兩腿發軟。而當鯨魚平靜地出現時，船員們卻臉色鐵青嚇昏了頭：他們變得什麼都看不見，聽不到，無法服從任何命令。更令人吃驚的是老水手比新水手更顯得失去理智。如果人們不能立刻從驚嚇狀態中恢復過來，他們將無法勝任捕鯨工作，他們自然就成為其他船員的累贅，人們有時能見到平時冷靜無畏的捕鯨射手會突然變得害怕起來，不能準確有效地發射鯨叉，在鯨魚逼近的那一剎那，變得突然僵直，射出的鯨叉擦著鯨魚的背偏向別處。」

把鯨魚掀上船來剝取鯨脂用的鉤子是分叉的（圖429），以防叉柄滑來滑去不聽使喚。捕鯨射手的任務是剝取最肥的鯨脂，他們全身穿著獸皮，腳上穿著釘子鞋防滑。首先水手們把鯨魚全身的脂肪粗刮下來，然後把整隻鯨魚砍成幾段，再放入船上的大鍋裡煮。當然鯨魚骨頭一定要事先剔出來。很久以前，鯨魚唯一的敵人是可怕的大海豚（鯱）或稱逆戟鯨（圖430），美洲印第安人首先襲擊在海岸或淺水中擱淺的鯨魚（圖431），19世紀從楠塔科島上來的漁民開始冒險，從此成為美洲傑出的捕鯨勇士。他們向南甚至到達日本海尋找鯨魚的蹤

圖 432 一艘裝配有捕鯨
炮的俄國捕鯨船

226

跡。在美洲人們偏愛鯨魚油：常舉的例子是如同古詩結尾中常提到的鯨油的獲取者富甲一方14年，年年收入超過1萬2千美元。的確,在當初8000美元的捕鯨花費,三年之間被炒到138450美元。聽起來就像美國內戰對人們生活的影響和汽油的產生給工業造成的衝擊一樣。然而不幸的是,鯨魚的年死亡率從此有增無減。

挪威人斯文·方,在1867年發明了捕鯨射叉,使人們從此削減了許多人工捕鯨的刺激,20世紀以來,小型的捕鯨船被淘汰,取而代之的是捕鯨炮。一家挪威船廠在為世界上第一艘裝配有捕鯨炮的捕鯨船剪綵下水駛向北冰洋以後,世界其他有條件的地方（圖432）都開始紛紛仿效,新法捕鯨也成了人們關注的興趣焦點了。

又一次大規模的屠殺箭在弦上：這一次的目標對準了野牛。從北佛羅里達到加拿大的大湖區,五六千萬頭野牛在這片廣闊的土地上覓食。冬天,印第安人穿著雪靴出來,把埋在雪地裡的野牛抬回家去（圖433）；夏天,他們把野牛趕到柵欄裡,輕鬆地屠殺牠們（圖434）。

與此同時,野牛已從歐洲絕跡,只有寥寥可數的一些還活動在波蘭和俄國偏僻的森林裡。20世紀,那種骨肉健碩——6英尺高、1噸多重的森林野牛甚至在美國也已實屬罕見。另一方面,大草原野牛在日漸減少的同時,也更頑強地生存下來——參照義大利美洲鬃犛牛的名字,牠被叫做美洲鬃犛牛（圖435）。牠們對印第安人來說,無疑是天賜的禮物。他們的食物、住所、燃料、衣服都取之於美洲鬃犛牛。日晒乾燥的美洲鬃犛牛肉是他們的主要食物。美洲鬃犛牛皮被他們用作屋牆、屋頂,還用來做靴子、毯子、女人的衣服,還有獨木舟的外殼。從腳到蹄子,美洲鬃犛牛無一處沒有用；甚至肌腱,都可以擰成辮狀做成弓弦。但是,無論印第安人騎在馬背上（圖436）捕獵,還是披著動物的皮匍匐在獵物面前（圖437）,他們的掠奪並未對國家的自然資源造成任何影響。而白人的出現卻改變了這一切。一種巨大的、移動緩慢的野獸正踏上文明和進步之路——換言之,鐵路出現了。哪兒有美洲鬃犛牛,哪兒就有印第安人；通過消滅鬃犛牛可能會同時消滅掉這兩種不受歡迎的生物。所有的火車都裝有排障器（此為美國拓荒時期為避免輾到牛而裝在火車前的裝置）,但是美洲鬃犛牛還是被指責導致火車出軌。只要看到一群美洲鬃犛牛的影子,火車司機就得馬上停車,而乘客則從座位上向其開火（圖438）。1869年,

圖433 印第安人正在拖動
陷在雪裡的野牛。（卡特林刻
於1844年）

圖434 獵殺野牛的方法
（據富蘭克林遊記中所描述，
1819年）

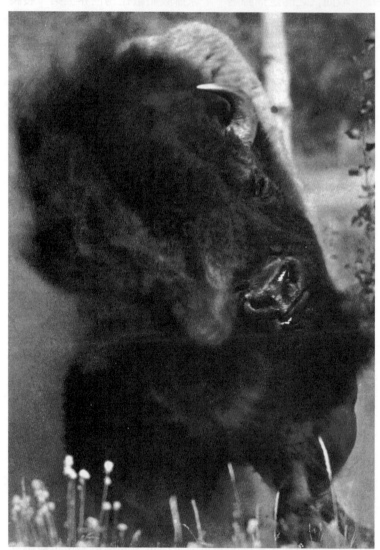

圖435 美洲鬃犛牛過去常
在北美大草原漫遊。

太平洋鐵路聯盟成立。兩年以後，5000名職業獵手從堪薩斯城
出發，開始大規模地捕殺美洲鬃犛牛。柯爾特式自動手槍和來

福槍（槍膛內刻有螺旋式溝槽，用以提
高命中率）的發明，擴大了屠殺的規
模。美洲鬃犛牛皮成了他們發財的寶
庫。這致富熱潮一浪高過一浪，以至於
很快竟發展成只取鬃犛牛一邊的皮，因
為他們覺得，扔掉剩下的部分也比浪費
時間把那巨大的屍體翻轉過來省力得
多。

　　在堪薩斯太平洋鐵路沿線的一個火
車站附近，5萬頭美洲鬃犛牛在三個月裡被殺光（圖439），只
是為取牛舌以飽口福。五年之內，州際鐵路南部的300萬頭鬃
犛牛被無端殺死，甚至沒有取肉和取皮的最起碼的企圖。廉姆
·庫迪，即野牛比爾，他的故事就很典型。野牛比爾的名字出

圖436 印第安人騎在馬背
上追趕野牛。（卡特林刻於
1844年）

圖437 印第安人披著狼
皮，嚇得野牛不敢輕易出擊。
（1844年）

圖439 一些來自大平原的
倖存者

圖438 裝有排障器的火車
頭在鐵軌上遭遇美洲鬃犛牛。

自一次很有紀念意義的狩獵，他在那一天就殺了69頭美洲鬃
犎牛。但是人們不能因此責怪他虐待動物，他的一生都在與
馬、狗和一些野生動物打交道。他馴養這些動物，在馬戲團裡
使喚牠們，而自己則在大西洋兩岸名利雙收。但是庫迪真正開
始他的事業，是為修建太平洋鐵路的工人提供新鮮牛排。為
此，他便理所當然地在18個月裡殺了4280頭牛。到1899年
為止，經過一個世紀的屠殺，6000萬頭美洲鬃犎牛銳減到幾百
頭，零散地分布在荒涼、空曠的大平原上。

北美平原是美洲野馬的誕生地，在牠們消失以前，牠們已
經在這片土地上生活了幾千年。原來在北美草原上的印第安人
用套索（圖440）擒獲並花費時間馴服的野馬，是由當年西班
牙殖民者從歐洲帶來的坐騎放歸自然後繁衍的後代。這種動物
或者逃離了主人，或者由於戰爭等原因落荒而走，來到了大草
原上繁衍生息。牠們失去了當年養尊處優的待遇，學會了適應
惡劣的環境，增強了肌肉和耐力。這些所謂的野馬一旦被印第
安人馴服以後，便被組建為勇猛的騎兵隊。在馴馬時，印第安
人首先把野馬趕到畜欄裡，除了荊棘和木樁之外，沒有食物，
直到野馬最終饑寒交迫，安靜下來。接下來是耐心細緻的馴服
過程，直到馬匹能夠適應牠們祖先曾經適應的遊牧生活。白人
來到西部後，立刻注意到野馬可利用的重要性。由此，也引發
了對野馬問題的兩種截然相反的看法。一方面，他們把野馬這
種被印第安人幾乎家養的動物視為一種威脅：美國陸軍下令將
1500多匹由啟炎部落和科曼其部落所馴養的野馬統統趕進德克
薩斯州的大峽谷摔死；另一方面，在1900年前後，西部拓荒者
紛紛捕獲馬匹，將其與其他牲畜一樣，當做家畜為己所用。這

圖440 印第安人用套索
擒拿野馬。（仿卡特林之風的
木刻版畫，1844年）

一舉動在美國西部開發中寫下了重要的一章。

1865年，隸屬於著名的威爾斯·伐戈公司的一支馬車隊在西行途中，無意中發現：他們在前一年秋天丟失的牲畜還好好地活著。於是，大草原寶貴的利用價值開始引起人們的注意。早期的德克薩斯和蒙大拿州開始飼養長角家畜，在不到20年的時間裡，這裡便牛仔遍地，牲口滿圈。這裡的草場圈好之後，每個農場都有自己的官方註冊；而相應的對待牲口的措施，卻是灼熱的烙鐵，為的是留下印記，以便牛仔們每年圈點一次屬於自己的牲口。

當這些令人焦灼的星期過去後，來自各個牧場的牛仔們便會組織一次聚會以示慶祝。他們生活中的日常工作此時變成了體育賽事，諸如，馴野馬，用繩索套住奔跑的動物成為激烈競賽的主要內容。美國的牛仔技術競賽會就是從這種聚會漸漸形成的。

大約到1890年，牧場的數量明顯地增長；而與此同時，偽造牲畜烙印和偷盜牲口的事件也在與日俱增。牧場主人們開始安裝導電柵欄來劃分自己的財產屬地。聚會失去了從前的意義而漸漸被廢棄，但牛仔技術競賽會卻保留了下來。許多牛仔發現，假如他們失業的話，完全可以憑他們高超的牛仔競技技術成為職業選手，跟那些業餘選手在定期舉行的大型比賽中一決高低。競賽包括8項不同的嘗試：用馬鞍和韁繩馴騎狂躁的小野馬（圖441）；用靴刺踢馬，不換手，一隻手搖動帽子，在馬鞍上待至少8-10秒；還有所謂的「牛作狗式」，就是捉住牛角把牛摁倒在地；「捆小牛」就是要用繩索套住小牛後，將其扔在地上，捆住牛蹄；「打扮公牛」就是用橡皮筋繞在牛鼻口上，再將自己喜歡的東西釘在牛角上；捆小閹牛和捆一組動物也同出此轍；做這些事情可以徒步也可以騎馬；最後一種是，單手握住一根鬆鬆地繞在野馬或公牛肚子上的繩子，在馬背或牛背上待8秒鐘。1872年，第一屆官方組織的牛仔技術競賽會在阿肯色州舉行。

鐵路公司很快發現這是一種吸引客源的途徑。他們開始銷售減價的旅行票。 在這之前的很長時間裡，這種競技的觀光者只是農場主人和印第安人，他們當初只是隨便站著或者坐在兩輪馬車上圍成一圈。不過，自1928年美國牛仔技術競賽協會成立後，他們就成為一個團體。野馬被特別地飼養起來，以備比賽之用，而又要使其保持完全的野性，就像在電影裡看到的那些，得有種野蠻西部的味道（圖442）。

這張黑猩猩母子的照片打開了人類研究自身與動物之間關

圖441 單手握韁並非牛仔
競技 8 項中最難的項目。

係的新天地（圖 443）。但是直到19世紀，人們對於人與動物的關係仍被一些不開化的說法所統治，而這些說法只承認黑猩猩這類動物有張人臉。非洲猴類給自然學家出了不少難題，遠遠超過了其他任何動物類種所提出的問題。就近說來，1938年某人宣稱在加彭地區發現了一種介於黑猩猩與大猩猩之間的新被發現的類人猿。

從外形上區分黑猩猩與大猩猩並不困難，因為大猩猩比黑猩猩個頭大些，公的有時能長到 6 英尺多。但是很長時間以來，自然學家無法確切地說明，僅在兩三個地區發現的黑猩猩與精心收集到的所謂18個種群或次種群的大猩猩，究竟是否是一回事。非洲土著人存在使研究更複雜化，自然學家們無法說明土著人究竟是高明的類人猿還是人類本身。

1850年前後，最早試圖研究大猩猩的歐洲人有點太容易被那些故弄玄虛的故事嚇唬住了。「這是世界上最可怕的動物之一，」傳教士威爾森這樣寫道。探險家福特也說：「只要大猩猩覺察到有人靠近，就會發出獨特的叫聲，做好準備隨時發出攻擊。」美國探險家杜沙魯這樣描寫道：「那真是一個噩夢般的影子……那張臉活像惡魔撒旦，對我來說，那就像一個噩

圖442 野馬被飛機和卡車
截獲，被套住後用輪胎固定，
再被賣給買馬並屠殺馬匹的
人。

夢。」研究者們試圖弄清楚有關這類動物的更多情況，最終他
們得出了結論，正如德國科學家亞斯伯·封·奧爾岑所說的：
「這些巨大的猴子是膽小的，牠們對外界充滿恐懼，往往選擇逃
跑來保全性命。」巴恩斯，另一位深入到剛果境內的美國探險
家補充道：「事實上，就像我們如今得冒更大的危險穿過擁擠
的街道一樣；大猩猩生來就會騙人，假如牠們竭力尖叫卻嚇不
住你，牠們準會逃命而去。」

　　然而，無論非洲土著人如何尊崇這些特殊的森林之神——
他們稱之為被放逐者，牠們還是遠離人類社會，在叢林中避
難。事實上，土著人對這巨大的食肉動物的迷信使他們心中對

圖443 母黑猩猩與牠的孩子在一起。黑猩猩是同類中最聰明、最像人的,牠們雖然膽小,卻易馴養。

大猩猩甚至倍加崇拜(圖444)。

到19世紀早期,亞洲地區已難覓獅子的蹤跡。不過,倒是可以在非洲大部分地區找到為數不少的獅子,尤其是在剛果至蘇丹地域內,還有撒哈拉周圍,特別是阿特拉斯山區。在那段時期,阿爾及利亞的法國殖民者和來自英國、德國的移民中,湧現出不少人,他們持之以恆地為維護獅子——這獸中之王的公正地位而做出努力。從畫家德拉克洛瓦跟從國王路易·菲力普的大使前往摩洛哥那時起, 藝術家們開始在北非尋找創作的靈感之源——在那兒,行動和色彩的大膽效果可以得到理想的表現。浪漫派和學院派不約而同地去描繪讚美戰馬的魁偉、東方文明的光芒帶給他們的奇思遐想,而獵獅也成為他們創作的題材之一(圖445)。

中東地區學習文學和繪畫的學生對咆哮的獅子和攻擊的獅子特別著迷。實際上,獅子的嗅覺很差,卻有著極佳的視覺和極為敏銳的聽覺。公獅只在受傷時才會發起攻擊,而母獅只有看到自己的幼獸受到威脅時才會攻擊。

發起攻擊時的獅子也不是危險得一塌糊塗,但那種場面確實夠可怕的。獅子總是在最後一刻一躍而起,即使是那種情形

圖 444 穿上衣服的動物
（德自達荷美皇家宮殿）

圖445 獵獅（維爾內作）

也不是經常發生。牠們好像只是為了震懾住敵人，而不是真的要襲擊對手。一個丟失武器的獵手假如想要活著回來的話，與其轉身逃命，不如反攻，揮動手臂大聲呼喊——這樣做，顯然會比前者生還的希望大些。當然，與其冒風險去面對這百獸之王的攻擊威脅，不如在槍膛裡裝上一兩顆子彈來結束這一切。獅子的咆哮也是討論的熱門話題。大衛·利文斯通指出：「愚蠢的鴕鳥發出的聲音簡直就是噪音，沒人害怕。所以，談論獅子的咆哮為何充滿威嚴，無異於白癡的行為。」但是，據Ａ·Ｗ·霍德森的說法：「獅子的咆哮，換言之，牠那驚雷般的聲音，無疑是大自然中最雄壯的聲音之一，當然也最能激發起人們敬畏的情感。」

　　獅子通常是在日落後的那段時間開始吼叫，那是在牠們開始夜間覓食之前；黎明前的一兩個小時，當牠們已經填飽肚子準備去喝點什麼時，牠們會再次吼叫。　這或許存在著某種聯繫——在遠古神話中，獅子通常便被作為太陽的象徵。實際上，獅子的吼聲可能只是表明自己捕捉獵物的領地範圍，或是代表著

一種獨特的個體的尊嚴。

　　1887或是1888年，一位探險者在非洲的坦干伊喀發現了一個臨湖而居的村莊。在那裡，獅子行走在當地土著人中間，從不傷人，而那些居民則將牠們奉為上帝。獅子們自然地生活在叢林裡，沒人想要馴服牠們，牠們會不時地出來，在居民的房舍附近找點什麼吃的。當意味著慶祝節日的咚咚聲響起時，牠們會成群地前來參加，坐下來有禮貌地等待著人們分給牠們一些小羊腿或是山羊肉什麼的。每隻獅子都有自己的名字，當部落首領向牠們打招呼時，牠們會有所回應。當獅群中的一員因為意外或是年老而死去時，整個村子的居民會前去悼念。這種視一種獨特的動物為部落群體的祖先的圖騰崇拜，在很大程度上馴服並保護了一些非洲地區的最難了解的動物。在非洲原始部落和動物王國之間存在著一種久遠而古老的關係。實際上，在原始人群和動物之間總是保持著一種深層的相互理解，無論他們的皮膚是何種顏色，講的是哪種語言。實際的感覺和完全的迷信常常不可救藥地混合在一起，使人無法說出兩者的差別。

　　豹子和獅子一樣，都有牠們自己的巫師（圖446）和崇拜者。他們在臉上刻上疤痕，使那看上去像是豹子的抓痕或是豹子鬍鬚的樣子。在阿比西尼亞，假如獵人偶然遇到了母豹的巢穴，並且帶走了牠的幼仔，那麼他們就得小心地沿著來時的足跡往回走，沿途不能小便，不能割傷自己以免流血，而且絕對不能往回走。這些常規式的預防措施都是為了不在歸途中留下任何痕跡。

　　變成動物或是與之合作，在世界各地對男女巫師來說，是司空見慣的本領。這賦予他們超凡的能力，但也給他們帶來了特殊的冒險和義務。居住在那嘎山的人們相信，男巫師和他的豹子是一體的：當豹子被獵人追逐時，男巫師也會到處亂跳，好像試圖逃跑的樣子；而假如豹子被打死了，男巫師也會相繼死去。一個剛果的動物神崇拜者，曾把自己的血和一條蟒蛇的血相混合，自此，每當這蟒蛇吞嚥一隻巨大的動物時，他的胃就會疼痛。每一個獵豹者過去乃至今天所仍然害怕的，是動物的復仇——那並非是在牠真的被殺死時，而是在牠流血和身體疼痛的時候。無論何時，當狩獵者使自己獵殺的動物流血時，他就得把自己的胳膊刺出血來以示歉意。在阿爾及利亞的凱伯爾山區，在那些豹子、獅子、美洲犛牛、瞪羚（一種生長於非洲和西亞的美麗羚羊）活躍的年代，一個出名的獵手或是屠夫，抑或是從事見血行當的人，死後通常被安葬在墓地裡一處

安靜的角落，與其他墓穴保持一點距離。這並非表示蔑視——像在印度那樣——而是出自一種充滿敬意的恐懼。嗜血的行當過去是被看作「非自然的」。只有一種複雜的宗教儀式使流血變成可能，而不必擔心遭遇復仇。在那種儀式裡，獵人得從他獵殺的每一隻動物身上各取一點血，盛在一隻野綿羊或是瞪羚的角裡當做祭奠的酒，祈禱這些死去的生命得以再生，並請求寬恕自己曾使這些生靈流血。

　　對黑人來說，面具是他們擺脫人類自身存在形式的束縛的首要方法，也是他們接近新的存在形式的重要手段（圖447）。豬形人、猿形人（圖448）和瞪羚形人會出現，成為那些生活在叢林深處的真正動物的一夜兄弟。當這些鳥形人（圖 449）或是羚羊、瞪羚的面具（圖450、451）活靈活現地出現時，宗教儀式的舞蹈也便進入了狂熱。繼之，躲藏在面具後的人完全與其所代表的動物融為一體，展現出牠的機敏、狡猾、速度、驚人的力量和精細的優雅。他學到了這種動物面對痛苦和死亡時的忍耐和平靜。而通過這個戴著面具的中介者，整個部落可以感受領悟執掌人類命運、世界乾坤的玄奧的力量。

　　即使是最簡單的雕像（圖452），也有其目的。這些東西不是當地手工匠出於興趣而製作的，也不是因為他們喜歡用木頭、金屬做點什麼，人類用這些東西來開啟通向動物精神世界的另一扇大門，但是被現代文明教化的人類卻對動物世界充滿了不信任，而荒唐的物質主義也對古老的圖騰毫無意義——這二者不亞於最原始的野蠻。文明人創造了新的物質需要，他們在象牙和皮革的交易中取悅土著人，從而可以肆無忌憚地狩獵，而不必擔心惹惱當地的首領。在19世紀，文明人已經在傳播延長人類生存的方法，卻沒有必要的措施來支撐人口的增長，以及阻止對野生生命的大肆屠戮和大量批發。所有這一切都毋庸置疑地導致了整個自然界的失衡。在非洲中南部的北羅德西亞，獵人們將成群的個頭巨大的羚羊趕到河裡和溪裡，然後在那兒，用數以百計的長矛將牠們統統殺死。在坦噶尼喀整個獸群被無情地趕進圈好的畜欄裡，然後被放水淹死。每一年，北回歸線地區的非洲部落都要網住成百上千的食灌木的獸群來保證毛皮出口。無法控制的傳染病加劇了非洲大陸獸群的死亡率。牲畜黑死病的突然爆發也會給野生生物帶來滅頂之災，儘管科學家在盡最大努力挽救生命，這種病菌的傳染依然像集體屠殺一樣奪去成百上千頭野生動物的生命。假如非洲所有的稀有野生生物都如同奧卡皮（非洲中部一種能反芻的稀有動物，

圖447　野豬面具

據說在1901年絕跡）一樣完全絕跡的話，那麼非洲文明將永遠無法贖回這些巨大的損失。

鴕鳥對西方人來說，總是充滿了奇妙的跡象。法國人林納用希臘人對這種動物的稱呼為其命名：希臘文struthio camelos，意思是像駱駝一樣的鳥，因為牠們可以用駱駝那樣的飛步快速穿越沙漠。鴕鳥是一種群居的鳥類（圖453），但牠們並非唯一能夠飛跑的鳥類。馬達加斯加的一種鴕鳥，身高10英尺，重達900磅，目前已瀕臨滅絕；加拿大南部新斯科夏省摩阿鳥，身體比鴕鳥還大，差不多也遭遇了滅絕的命運；存活下來的還有澳洲的鴯鶓、澳大利亞北部的食火雞，牠們比鴕鳥個小，但都具有與之相同的特徵：有翼卻不會飛。鴕鳥行走的速度快得

圖448 大猩猩頭，原始部落的「猿形人」。

圖449 非洲頭戴鳥形面具的舞者

圖446 豹皮和鴕鳥的羽毛

239

驚人，這種能力使牠帶有神秘的色彩。在古代傳說中那些關於小矮人與鶴類的戰鬥，有時也被刻在石柱上，或許就是描寫侏儒捉住鴕鳥的情形（圖454）。

羅馬人鍾愛鴕鳥的肉，而阿拉伯人則喜歡牠們的羽毛。非洲的酋長們也熱衷於捕獵鴕鳥，因為自文藝復興後，歐洲市場對鴕鳥毛的需求量大增。法王亨利六世用鴕鳥毛來襯托他耀眼的裝束。雖然時尚的需求幾乎要徹底毀滅鴕鳥的存在，但最終也正是因為時尚對鴕鳥毛的需求，使鴕鳥牧場成為一項極為有利可圖的行業，這樣，鴕鳥被人工養殖而得以存活下來。大約是在1855年，阿希力‧德梅道夫王子在其佛洛倫汀別墅附近的公園裡成功地人工孵養出鴕鳥，這也是歐洲人工養殖鴕鳥成功的首例。19世紀，時尚對白鴕鳥毛的需求遽增。西班牙、葡萄牙、法國南部，甚至在克里米亞的田間也開始飼養鴕鳥，因為這種動物易於飼養，而且對氣候一點也不挑剔。第一個成功的鴕鳥農場是英國殖民者在好望角建立的，這帶動了1865年前後在阿爾及爾地區的其他嘗試。到1875年為止，鴕鳥的數量據估計已達32347隻；而時至1900年，僅在好望角一地，其數量據估計已增至20萬，大批飼養者從拔取鴕鳥毛中牟取暴利（圖455）。法國的尼斯、美國的加利福尼亞都開始飼養鴕鳥，當然還有斯坦林根，在那兒，偉大的動物學家哈根貝克在人工條件下成功地孵養了數百個鴕鳥蛋。一隻健康的鴕鳥在一般情況下可以活50年，如果這樣的話，牠一生就能提供數噸羽毛。最長最寬的羽毛來自好望角（圖456），但質量最好的羽毛還是來自鴕鳥生存近數千年的下埃及地區。關於鴕鳥的迷信說法在大量傳播，而這些說法幾乎都是不真實的。比如，母鴕鳥下蛋後，聽任牠們在陽光下出殼；再比如，鴕鳥遇到危險時，會把頭埋在沙子裡等等，這些說法都是不真實的。不過，關於牠們胃口巨大的說法卻一點也沒有誇張。任何東西牠們都照例吞下，即使是鑰匙、鏈子、釘子之類根本不能消化的東西（圖457、458、459），對牠們那如同碾碎機一樣的胃來說，也形同穀物。牠們會藉自己頸項的高度，狡猾地銜走飼養者的帽子（圖460）；如果富有的參觀者在牠們面前晃動自己的金錶和金鏈，那這些東西就只能和主人說再見了—— 鴕鳥的胃將是它們的去處。鴕鳥的羽毛，尤其是白羽毛，一直是音樂廳演出的最愛（圖461）。但是如今，真東西也不得不面對尼龍製品的強烈競爭。

在遠古時代，當冰開始融化，歐洲氣候漸漸變暖變濕時，死亡已經威脅過馴鹿一次。冰山融化消退，森林取代了冰凍的

西伯利亞大草原，馴鹿們以之為食的地衣和苔蘚也很快消失了。

　　人類的獵殺，暖濕空氣的窒息，使馴鹿不知疲倦地向結凍的北方前進──這意味著牠們的自我拯救。但是在北方，牠們也難逃厄運，那裡的居民發現，馴鹿簡直就是萬能的供給者，幾乎可以滿足他們的一切需要。馴鹿的生存一點也不費勁。冬天，牠們無需任何幫助，就可以掘開 3 英尺的雪，找到牠們喜愛的地衣。牠們用蹄子和鹿角上那兩個突出的叉狀物，這獨特的鹿角使牠們的身影極易辨識（圖462）。牠們有深深叉開的蹄子，蹄子之間是極富彈性的膜，有夠分量的身體，還有分得很寬的腿，這使牠們具備了雪上生存的很好條件。而對北極地區的居民來說，馴鹿身上無一處沒有用：皮、角、肉、腱，均可物盡其用。馴鹿算得上鹿族中人類成功馴養的唯一成員──從10世紀開始，假如我們可以相信書面記錄的話，而實際上是從更早一點開始。而時至今日，馴鹿的馴養也只是表面的。一旦接觸野生動物，哪怕只是一瞬間，已被馴養的馴鹿也會逃之夭夭，重新回到自然狀態。而且，即使是那些已被馴養的馴鹿，也依然保持著遷徙的自然本能。而馴養牠們的拉普蘭人，也不得不跟隨牠們遷徙。馴鹿是拉普蘭人成為遊牧民族的主要原因。事實上，真的很難說清，究竟是人類馴養了動物，還是剛好相反。

　　現在，建立在以馴鹿為生存基礎上的人類文明已經擴展到整個北極圈地區，包括凍土地帶的不同人種。100 萬隻馴鹿中，一半註定要被殺死；而另一些，大多數被當做負重的獸類，用來駕拉雪橇（圖463）。正因如此，你還可以在野外空曠的石間或水邊找到馴鹿迷人而壯美的身影（圖464）。馴鹿比哈斯基犬好養，拉著 200 磅的東西一天能跑 50 英里。

　　鑒於牠們的非凡能力，希爾頓·傑克遜博士於1890年將牠們從西伯利亞進口到阿拉斯加。一艘船被專門用來運馴鹿。1898 年，63 個人也和這些動物一起做了一次旅行，他們的任務是傳授如何餵養馴鹿以及牠們的用處。馴鹿很快被北美開拓者和捕獸者所採用，在郵遞服務中，牠們可以在 8 天之內完成狗跑20天的路程。不過最後，格陵蘭人和愛斯基摩人也沒有放過馴鹿──他們曾成功地消滅了當地的白腰馴鹿，就是被叫做美洲馴鹿的那種（與1911年的3000萬相比，現在不到30萬），現在輪到這些同類了。即使在西部倖免於難，野生馴鹿也很難存活。牠們被迫撤向高原地區，甚至在那兒，憑藉牠們異常敏銳的嗅覺仍能聞到數英里外人的氣味──獵人竟已追捕到此。麋鹿的命運一點也不比馴鹿好。這種世界上最大的鹿，比馴鹿

圖450 羚羊面具

圖451 瞪羚面具（藏於大英博物館）

圖452 幾內亞家禽和外形似牛的動物的雕像（藏於日內瓦人種志博物館）

圖453 南非的鴕鳥，平均高度為8英尺。

圖454 石頭柱頭（法國奧敦大教堂）

圖455 採集鴕鳥毛。

圖456 修長的脖頸、成簇的白色尾羽，代表了南非鴕鳥農場的同類。

強壯、碩大，牠那巨大的向外延展的角足以勾起人類的貪欲。甚至牠的蹄子也被巫醫看作極有價值的寶貝，特別是後面的左蹄，如果放在心臟上，能夠治療癲癇症和肋膜炎。不過，麋鹿比馴鹿多一個優勢：牠最喜歡棲息的地方是森林和湖泊，而不是開闊的平原，這樣，

圖457、458、459 鴕鳥可以吞下任何東西，鑰匙、鏈子、釘子之類對牠而言別無二致。

圖460 牠們的食物也包括帽子。

圖461 琪琪·讓·瑪麗1961年在音樂廳。

牠能找到一處更安全些的避難所。儘管如此，每年的獵殺仍在無情地減少著牠們的數量。僅在斯堪的納維亞，每年就有4000多頭麋鹿被殺，因為在那兒，政府允許一年有3到6天的狩獵時間。

馴鹿不是北極圈地區瘋狂屠殺中的唯一犧牲品——海狗也被無情地屠殺著：1800年400萬海狗被殺，1867年又有200萬喪命。這種形體巨大而性情溫順的動物，有時也被叫做海獅。每年5月，牠們聚集在阿拉斯加和西伯利亞之間的白令海峽，在那裡交配產仔。為了準時赴約，牠們不遠3000多英里一

圖 462　馴鹿的角向前伸
出，使牠們可以掘動冬雪。

路游來。6月末，母海獅會在岩石叢生的島上產下幼仔。

　　儘管這些幼仔頻頻被海獅們秘密掩藏起來，可是阿留申群
島的居民（圖465）卻宣稱，在那兒會找到不計其數的海獅幼
仔。諸如水貂、海獺、銀狐之類的動物，其皮毛的價值日益增
加。1766年，凱瑟琳大帝統治時期，一位名叫普瑞貝勞夫的商

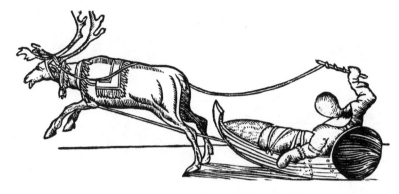

圖463 17世紀德國的木刻展示了拉普蘭人駕著馴鹿拉的雪橇。

船船長決心去尋找那個著名的「海獅島」。遺憾的是，17次遠征歷經千難萬險，卻均告失敗。在經過長達20年之久的搜尋之後，這位疲憊不堪的船長偶然發現了兩座小島——他把它們叫做聖保羅和聖喬治島。數以千計的海獅聚集在島上，牠們發出的聲音將船長引上岸來。

多年以來，這類動物繁衍生息的巨大儲備已被海洋和陸地無情地掠奪。1820年，俄國政府官員雅努斯基制定了保護海獅的措施；而就連這為時已晚的保護措施也在這些島嶼被美國買走、劃入阿拉斯加大陸的1867年成為一紙空文。到1892年為

圖464 馴鹿漫遊在挪威海岸，牠們的剪影像被刻在水邊。

圖465 阿留申群島的居民
在白令海峽附近的聖保羅島捕
捉海獅。

圖466 海象,牠自身巨大
形體的犧牲品,這種動物已幾
乎從太平洋消失。

止,海豹的總數量已不到100萬。儘管這兩個應對海獅的毀滅
負主要責任的國家之間已經達成協議,但是海上的屠殺仍在繼
續。直到1896年,這種屠殺達到了極點:好幾十萬隻待哺的小
海豹在岸上饑腸轆轆,徒勞地等待著覓食的母親。

　　北太平洋的海象也不比南半球的日子好過(圖466)。自從
墨西哥政府對海象的命運產生興趣後,到1904年,牠們的數量
已銳減至100隻。企鵝王,雅克·卡地亞於1534年在新大陸發
現的一種動物,到1840年已經絕跡。捕鯨也是如此。它已經不
再代表某種英雄行為(圖467、468),而變成一種有比例的工業
生產,這對鯨魚的物種存在形成了極大的威脅。1913年,25000
隻鯨魚死在魚叉之下;1937-1938年,又有55000隻成為犧牲品。

　　鬥牛的起源大約要追溯到1850年，發展成今天的鬥牛形式
的確經歷了很長時間（圖469）。鬥牛儀式最早只不過是一項
簡單的翻越公牛體操比賽，起源於地中海的古代克里特人、腓

圖 469　法國土魯斯的公
牛之戰

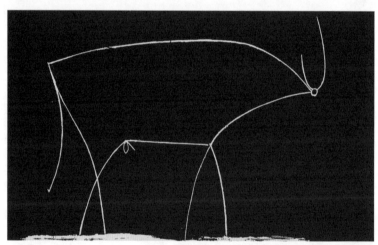

圖 470　公牛的石版畫，
（畢加索作，1946 年）

尼基人。這種血祭的觀念，無論是不是出於對追逐公牛嗜血的
模仿，大都來源於東方的波斯或者別的什麼地方。這些都帶有
本質上的宗教色彩。殘酷的古羅馬鬥獸，無論是什麼形式，都
絲毫沒有任何宗教或體育意味；而且都是簡單和純粹的嗜血。
但是，編年史家和鬥牛維護者們都咬定鬥牛和古羅馬角鬥無
關。Ａ·拉富郎寫道：「沒有絲毫證據說明西班牙的民族賽事
與其他民族有什麼關聯。」這種賽事是由於西班牙公牛的凶悍
和伊比利亞半島男人歷來的英勇自然演變而來。鬥牛不僅能激
發西班牙人的狂熱，對於法國南部和拉丁美洲各地的人們也是

如此。但是可能還有更多的人，尤其是屬於盎格魯—撒克遜種族的人們，在誠心誠意地譴責鬥牛這種行為。他們認為，公牛對人類的意義不只是一種奉祀的祭品：牠代表著一種尊嚴，一個充滿鬥志的對手，與人類同等。而以屠宰公牛為樂，從這種意義上來說，與其他形式的毀滅動物一樣，同屬於人類野蠻的最後遺跡。

在鬥牛場上首先露面的騎士，騎在馬上，而傳統所講的面對公牛的鬥牛士，就是伊莎貝爾王后的愛慕者席德·康比亞多，據說王后當初拒絕前來觀看，然而不反對席德親自鬥牛。可以說，西班牙人好鬥的民族性格是由於長期以來的人牛相鬥而形成的。摩爾人對鬥牛十分讚賞，而騎士與騎士單獨對打，對他們而言卻很陌生。1706年從法國接替摩爾人統治西班牙的法國人對鬥牛毫無興趣，他們讓當地西班牙貴族放棄鬥牛。弗朗西斯科·羅麥洛作為職業木匠，發明並改進了刺牛的雙鏢——將其用紅色織物纏繞起來，在公牛衝向鬥牛士的一瞬間，給公牛致命一刺。他的兒子胡安·羅麥洛開辦了鬥牛學校，向鬥牛士傳授如何在鬥牛過程中盡量減少腳的運動。用紅色披風刺激公牛，是在這之後才進一步發展而來，而刺殺方式也由鬥牛士等待公牛衝過來，變為人衝向筋疲力盡的牛，並給牠最後一刺。鬥牛

圖 471 公牛奔湧。（戈雅作）

方法中塞維爾鬥牛法有許多演變，由著名的派派·席洛發明，鬥牛由此變為首先在馬上鬥牛然後為徒步鬥牛。從1800年起，最後與牛對陣的鬥牛士開始扮演主要角色。這首先要歸功於弗朗西斯科·門泰斯，他在1815年制訂了第一部正規的鬥牛條例。

第一個豢養專供鬥牛使用的牛群的人是1775年維斯塔赫爾默撒公爵堂·比德洛·德·烏耀阿，他的鬥牛成為從畢加索（圖470）到戈雅（圖471）許多西班牙藝術家創作的原型。

隨著時間的推移，鬥牛的技巧也有很大變化。上一個世紀，公牛個頭很大，對持槍在馬上用標槍刺牛的騎士來說，就顯得比較危險。人們經常看到公牛把他們連人帶馬頂翻。直到浦利默·德·里維艾拉制訂條例，讓所有上場的馬匹都披上護甲，馬上騎士的表演才變得不那麼驚險。鬥牛士胡安·貝爾蒙特將鬥牛的風格改良，成為一種緩慢的、有節制的決鬥，從而也影響了餵養這種動物的方法。從1912－1935年進行的750次鬥牛活動中，貝爾蒙特共殺死1550頭牛。他喜歡和那種個頭不大、牛角偏短、攻擊性小但是進攻迅速的公牛交戰，這種情形使他的鬥牛看起來充滿了技巧和尊嚴。繼貝爾蒙特之後，又一位叫曼諾萊特的鬥牛士繼承了這種風格。曼諾萊特死於1947年8月28日，那是在林那萊斯舉行的一次鬥牛盛會，一頭名叫伊思萊洛的公牛結束了這位偉大鬥牛士的生命。

與個頭小的公牛對陣，騎馬鬥牛士競技的危險性相對減弱，而他所扮演的角色卻越發顯得殘酷。儘管鬥牛士和他的助手們常常以一襲披風在身的形象而為人所熟知，但鬥牛仍被看做令人厭惡甚至是不太體面的事情。鬥牛場上的技術術語和打獵的一樣複雜精細，但對西班牙人來說，卻更容易理解——因為全部詞語都是從西班牙語中援引過來的。通常，4歲的公牛就可以成為鬥牛。而年輕的後備鬥牛手，由一位鬥牛前輩在公眾面前授予他鬥牛士榮譽後，方才獲得資格挑選鬥牛，從而成為真正的鬥牛士。一旦羽翼豐滿，他就可以被稱作 maestro，espada，diestro 或者是 torero（均為西班牙語，意為騎馬鬥牛士），而絕不會用 toreador（英語，騎馬鬥牛士），那只是一種文學語言或是非西班牙人的說法。騎馬鬥牛士往往是一支鬥牛士隊伍的主角，人們可以憑藉亮光閃閃的衣服辨認出「他」是誰。這種亮光閃閃的短上衣，全部用金片或銀片裝飾而成，還要配上飾物，猩紅色法蘭絨披風和85厘米長的鋒利短劍也是他必備的行頭。一支鬥牛士隊伍通常需要配備2-3個騎馬鬥牛士。

鬥牛士隊伍莊重地進場之後，鬥牛三部曲便拉開帷幕：飛

鏢刺牛、鏢刺插牛、殺牛。不管其他成員如何威猛，騎馬鬥牛士總是出現在人牛之戰的前幾幕：晃動他的斗篷以助同伴一臂之力，抑或向觀眾展示公牛的凶猛，有時也親自表演牛鏢插牛（圖472）。開頭這兩幕的目的，一部分是為消耗公牛的體力，一部分是為誘惑公牛低頭，這樣牠的柔甲（牛馬等動物雙肩之間的隆起部分）就會暴露出來。

接著，殺牛的一幕開始了：先是一隊人輪番出場，他們從公牛身邊飛快地經過，目的就是讓牠眼花繚亂，不知所措。這樣，趁公牛還在頭暈目眩之際，鬥牛士會送上致命的一刺。在最後一刺之前，鬥牛士會將這頭牛獻給他選中的女士，然後轉身面對這即將死去的動物，瞄準牠柔甲間被稱作十字架的細小而致命的一處。

然而，並非所有的鬥牛都得以死亡終結。誘牛的傳統也有相當長的歷史了。奔牛是義大利大眾性的體育運動（圖473）。而在法國南部，「釋放」公牛的遊戲也吸引了為數眾多的參與者和參觀者。西班牙帕姆普龍納的鬥牛會，是一個可以毫無危險地享受人牛狂歡的極好機會：小公牛在人群中被解開束縛，

圖472 鬥牛士愷撒·季戎手持雙鏢，一般在鬥牛的第二場，鬥牛士將牛鏢插在公牛的肩上。

圖473 16世紀情侶們在
威尼斯街道上參加「奔牛」。

然後這群人把牠們趕到競技場（圖474）。

如今，鬥牛愛好者和鬥牛中獨特而野蠻的最後一刺（圖
475），越來越遭到動物保護者的強烈反對。場面宏大的鬥牛時
代已經成為過去。動物和人類之間的關係再也回不到遠古時代
的和諧。所有的表演常常只是為了賺取觀光客們的鈔票，而控
制並利用這類表演的人根本毫無道德可言。

一個生活在1882年的農民，如果想說服心愛的姑娘嫁給自
己的話，就會向她展示他們將共同擁有的全部家禽和家畜——因
為沒有比這更好的方法了（圖476）。事實的確如此，整個19
世紀，在野生動物迅速減少的同時，家養牲畜的數量相對明顯
增加。由於歐美人口數量的增長，城市的外延不斷擴展，農村
被擠得越來越遠。儘管大量的城市居民漸漸遠離了自然——不僅
是森林和草地，還有農場和家畜——但他們仍然需要一日三餐的
供給。鐵路不斷延伸，穿山越嶺，跨過森林和河流，打破了千
百年來無人攪擾的寧靜。而細菌學的新發現使19世紀的人們對
在骯髒或是不衛生條件下孳生的細菌，充滿前所未有的恐懼。
這種恐懼使他們益發脫離了人與動物之間的自然平衡。出於某
種補償，像貓和狗這樣一些可以適應城市生活的動物，贏得了
人們的喜愛。貓得到了愛清潔的好名聲；不僅如此，牠們還有無
可比擬的優點：捉田鼠和家鼠，要知道，像田鼠和家鼠這些臭名
昭著的細菌攜帶者，在城市生活中可是很令人恐懼的。

工業文明社會不斷向動物王國索取食品和衣物，數量越來
越多，而質量要求越來越高。19世紀，那些所謂「最先進」的
國家，其城市居民肉類平均消費量是農村的10倍。19世紀早
期，托馬斯·羅伯特·馬修，一位熱衷於人口統計學和經濟學
研究的鄉村牧師，曾鄭重指出：避免人口過多的唯一方法就是
限制世界人口的數量。但在那時，人們根本無法接受這種理
論，因為世界在他們眼裡是那麼寬闊而空曠，至於改善動物負

圖474 公牛被從街道上
趕進鬥牛場（帕姆普龍納，
西班牙）

擔過重的可能更是遙遙無期。然而，馬修的理論的確引起人們對全球饑餓問題的關注。英國是最早實現工業化和城市化的國家，它的人口自1740年至1840年間增長了3倍。不過，幸運的是，英國也是一個富有的農業國。它能夠安然度過危機，全都仰仗農民的發明和源源不斷的供給。1760年，羅伯特·貝克威爾接管了雷斯特郡他父親的田產，很快將它變成了一個示範農場，吸引了來自世界各地的參觀者。他的管理理念不僅影響了英國，而且傳播到英國人所到之處，諸如南非、澳大利亞（圖477），甚至後來對阿根廷也產生了某些影響，儘管那兒最終主要是由西班牙移民建設發展起來的。所有參觀貝克威爾農莊的人都對他取得的成就感到驚訝：動物是那麼溫順，飼養員對牠們那麼和善。貝克威爾一生沒有結婚，他情願把全部時間和精力都奉獻給他的動物。他驕傲地守護著成功的秘訣，不對任何人講起，但有一個獨身的、有些歲數的牧羊人除外。

貝克威爾用他那些著名的動物標本裝飾自己的畫室，牆上全都懸掛著骨骼的切面，或是浸泡在鹽水中的骨骼碎片，可以讓你仔細辨認出脂肪層的厚度等細枝末節。廚房則是他的社交場所，在那裡，有來自俄國、法國、德國的王子們，也有英國皇室，當然也不乏各階層的社會名流。在餐桌上，他所感興趣的話題無外乎如何餵養出同一地區最重的家畜，如何最快地從每一頭家畜身上收回投資。儘管美觀和實用不一定不能兼得，

圖475 最後一刺：鬥牛士對準牛的肩胛骨。

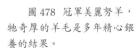

但對動物的頭、頸、角、蹄子的形狀，他可不怎麼在乎。貝克
威爾打破了農場以往通常採用的動物交配方式，即必須在異種
間交配，且一種低於另一種，取而代之的是，在同種間交配，
甚至在同一家庭中交配。他以這種方法培育出新雷斯特綿羊變
種，這個品種更壯、更重，只需兩年而不是以往的四年就可以
出欄。繼之，他經過努力又培養出迪士利長角這一品種。

　　貝克威爾的成就遇到了來自各方面的挑戰和競爭。 1798
年，史密斯菲爾德俱樂部成立，主要目的為改良牲畜品種。肉用
綿羊的成功培育，帶動了綿羊其他品種的改良——培育供採集羊

毛用的綿羊新品種很快被提上議事日程（圖478、479、480）。

長角食用牛的改良成功引發了人們對乳牛的興趣。英國這次較為次要的革命中所取得的所有現代乳牛農場工作法（圖481）一直沿用到18世紀末。全功能的家畜飼養開始成為一種更專業化的產業。

貝克威爾培育了新雷斯特綿羊，改良了希沃特綿羊；而查理‧科林則培育了著名的都漢姆公牛，牠從哈貝柯公牛交配而生。從1801年到1810年，都漢姆公牛駕著兩輪運貨馬車奔走在英國國土之上，向英國農民展示著一個奇蹟：恐怕就連這動物的祖先做夢也想不到，這個類種值得延續至今。

圖479 剪毛前的希沃特綿羊

貝克威爾把他的綿羊農場變成了一個真正的「羊肉片工廠」，但托馬斯‧科柯卻別有抱負——他把自己的農場變成了一個「羊毛山」。 科柯的家鄉在霍克漢，他一直是英國農業改革運動的領袖人物，直到1842年去世。科柯的信條是：沒有飼料，就沒有家畜；沒有家畜，就沒有肥料；沒有肥料，就沒有豐收。儘管他是國會議員，可是他從不厭惡挲著套袖勞動；他和雇農在一起，幫助他們改善家畜的狀況。霍克漢一年一度的剪羊毛成為一次盛會，全國的農業專家都欣然前往。在1818年，霍克漢有一週時間是對數以百計的參觀者開放的，參觀者中有來自英國各地的，有來自歐洲大陸的，甚至有從美國遠道而來的人。早上一般安排視察家畜，下午3點600名參觀者用餐，剩下的時間在交談、討論、乾杯中度過。俄國沙皇派來了

圖480 剪毛後的威爾特郡角羊

圖481 擠奶器在工作。（美國農場）

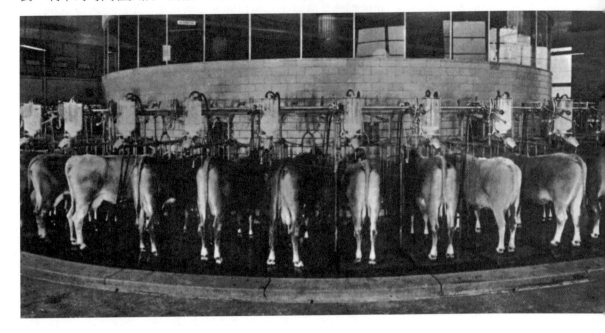

圖482 牛群渡過阿爾伯塔的牛奶河,前往夏日牧場,大約需4天的路程。

特別代表。貝弗德公爵在沃本也舉辦了類似的剪羊毛聚會。維多利亞女王從1840年至1905年,一直在支持皇家農業協會,以此鼓勵貴族們相信,從事畜牧業絲毫不會降低英國貴族的尊嚴。甚至在溫莎,也建起了新農舍,用以縮減餵養、照料動物花費的人力物力。純種家畜交配成功,如短角、赫佛德、丹佛等品種;與此同時,各種飼料相繼被採用,農莊內草料的質量相應得到提高。一個完全達到衛生標準的模範乳牛場問世,而為女王提供牛奶的傑希乳牛也成為當地最有名的畜種。

眾所周知,一個牛群品種的好壞,公牛起著50%的決定性作用,因為一隻公牛一年中可以把牠的特質遺傳給50到100隻其他動物;而母牛一年只能產一隻小牛。人們還發現,產奶多的乳牛其特質得益於雄性牛種。一隻產奶豐富的乳牛,牠所生的母牛不一定是產奶高手;但如果一隻乳牛是由產奶高手的兒子交配而生,那麼牠一定也是產奶高手。用作交配的動物,人們根本不在乎牠的外形和牠本身的特質;因為專家們認定,每隻動物的特性並不重要,重要的是牠的血統。這就是為什麼人們非常重視一隻雄性動物的祖先,以及牠將這種譜系特質遺傳給後代的可能性。實際上,人們真的做到了這一點:透過精心選種圈地配種,確保動物的優良特質,以求最大限度的產量。法國、德國、荷蘭、美國、加拿大(圖482)率先使用了這種方式,繼之,風行全球主要國家。在法國,牛的六個主要品種被精心飼養:查羅萊斯、力芒宋這兩個,用作肉用牛配種;其餘四個品種相對不太重要,用作奶製品。一隻典型的力芒宋牛,在1840年高約4英尺2英寸,重達700磅;而到了1935年,這個品種已經重達1400磅,高達4英尺9英寸。一隻原來

年產奶132加侖的乳牛，現在年產奶量差不多是原來的10倍，其中產量最多的可達2000加侖。1900年飼養一隻豬出欄，得用15個月；而1950年，則只需6個月。

家禽精飼養也取得了旗鼓相當的業績（圖483）。在荷蘭，母雞的年平均產蛋量從不到100增長到將近200，有望突破年產蛋300個。澳大利亞綿羊最初是西班牙綿羊的後代。18世紀末，服役於低地國家的蘇格蘭人高頓上校把英國改良培育出的美麗努羊進口到南非。1801年，麥克阿瑟船長從南非出發，駛向澳大利亞，隨船帶有12隻母綿羊和1隻公綿羊，牠們很快在澳大利亞繁殖起來。第一隻林肯綿羊1840年在西班牙殖民地阿根廷落戶，第一隻短角公牛是在1848年。這都是南美洲發展史上具有歷史意義的日子。牧民們不得不完全改變了自己的生活方式，隨著牛群的遷徙漂泊在潘帕斯草原上，過著半遊牧的生活。

圖483 加拿大威廉姆斯港的無欄家禽飼養場，25000隻家禽露天飼養。

這片土地的所有者，表現出更甚於英國皇室的熱情，積極改良他們的家畜。到 19 世紀末，這個人口僅有 500 萬的國家，擁有 2000 萬頭牛和 8000 萬隻綿羊，其中絕大部分是從英國引進的品種。

現在問題是如何處理這些肉，使之具有經濟效益。得把這些肉貯藏起來出口，科學家利貝戈想出了一招：把牠們磨成肉粉。不過，這顯然有點困難。鹽醃和風乾這些古老的方法同樣也派不上用場。一個富有的澳大利亞人賽多‧S‧摩特在肉類冷凍上已經花了不少投資，而法國人弗朗索斯‧特利爾卻已捷足先登——1877 年，特利爾裝載冷凍肉類的商船已橫渡大西洋。美國人也不甘落後，積極發展肉類貿易。到1840年，辛辛那提已成為肉類加工業的中心，它的產品家喻戶曉，遺憾的是，美國內戰結束了它的鼎盛時期。1859 年，年僅 14 歲的戈斯特‧弗蘭克林‧史密斯就在一家屠宰工廠當學徒。他以20美金起家，創立了規模最小的屠宰生意。他買第一隻小牛花了19美金，這隻小牛帶給他10美金的收益；最終，他擁有了當時最大的私人產業。另一個以肉類加工致富的人是菲立普‧D‧阿默，他以前曾是加利福尼亞的淘金者。晚些出現的威爾森和卡達，是這一行中的兩個勁敵，又是合作者，他們使芝加哥成為美國肉類工業的中心。雖然這 4 個人叱吒風雲的年代已經過去，但他們創建的事業影響依然久遠。

儘管地域阻隔，瑞士也積極響應牲畜改良。它的濃縮牛奶技術贏得了世界性的重視。與此同時，疫苗在各國被大力推廣，用以對付雞瘟、牛瘟、炭疽熱等牲畜疾病。

第二帝國時期，法國畫家愛德瓦‧馬奈和一個溫和的怪人博杜賽交遊密切。博杜賽是巴黎人，一個探險家，出名的狩獵者，偶爾也畫幾筆畫。馬奈曾陪博杜賽前往托瑞斯狩獵，為的是在觀見皇帝時獻上一張獅子皮，因為那是當時最受歡迎的室內裝飾品。一些大狩獵者名聲遠播，以至於漫畫家阿爾馮斯‧堂泰輕而易舉地把他們刻畫成著名的漫畫人物塔拉斯肯的塔塔林。甚至像馬歇爾‧坎拉博特這樣的軍人，也抵擋不住獵獅的誘惑。他談到自己和有名的獵獅手傑拉德交談的情景，那時傑拉德剛剛在軍隊裡接受了任務 ——「他有一雙淺藍色的眼睛，眼神溫和，聲音輕柔。我問他：『現在你有肩章了，我敢說你不會再去獵獅了吧？』『我沒法放棄，』他對我說，『那就像人在高燒時的感覺，你會身不由己地跟牠走。』」

馬奈所能作的一切就是把博杜賽關進他的工作室：這個積習難改的旅人隨時都想再度出發到非洲去。1880年，馬奈終於

在他位於蒙特邁的花園裡成功地畫出了博杜賽。但遺憾的是，從這幅肖像中（圖484）我們並不能看出是什麼驅使一個人瘋狂地外出獵獅。一切都擺在那兒，沒有一處不被精心描摹，但總好像缺了點什麼，或許是花園太過平靜，室內的場景讓獵人找不到捕捉的感覺，博杜賽的臉和他的鬍鬚，看上去都那麼沒有感染力，眼睛是暗淡倦怠的。

前膛裝填的來福槍的使用，給狩獵者帶來了意想不到的刺激。羅茨希爾狩獵團體的組織者如此簡潔地描述：「填充物出膛以前，要用火石和火藥擦出火花，要有力氣打著充足的火花才可能點燃槍筒裡的火藥。」畢竟，不是每個人都能像拿破崙那樣有12個人專門給他裝填槍支（圖485）。

火器逐漸變得越來越精密有效。最早出現的是沒有撞針的槍，需要把槍管扳開填充火藥，最後出現了馬克沁步槍和由美製勃朗寧演變而來的自動步槍，5個彈匣的子彈瞬間就能發射出去，當然還有行家使用的雙管獵槍，另外在瞄準器、彈匣、火藥和發射方面都不斷改進，層出不窮。拿破崙三世就比他的顯赫的前輩打槍打得多，他打獵一天可以消耗500到600匣子彈，幾乎不需要幫忙。1876年愛爾威登打獵季節開始的第一天，一位印度大公就殺死了780隻鵪鶉。1865年最後一隻獅子從非洲好望角被殺，儘管1922年發現少數幾隻巴巴利獅子仍在阿特拉絲山脈活動。打獵不需要任何官方認可，只要他有錢，任何獵手或者探險者都可以到非洲亂打濫殺。他們用獵物裝飾著書房、煙室和廳堂，這種情形遍布歐洲各地。最初的攝影術（非洲狩獵所獲，圖486、487、488、489、490）把這幫人的胡作非為持續地記錄下來。在本世紀這種屠殺現象由於缺少獵物而不得不停下來。許可證、槍支彈藥的昂貴使得狩獵成為少數人的特權。好在人類文明對這種行為做出了約束，北羅德西亞和坦噶尼喀之間的偷獵者不得不行動快捷以防被捉。可這仍然對當地瀕臨滅絕的野生動物再次造成威脅。更糟糕的是，偷獵者使用的槍支是一種當地產的前膛裝填，是非常不穩定的火器。在肯尼亞，獵槍受到嚴密管制，但是狡猾的、更殘酷的偷獵陷阱使不幸的野獸飽嘗痛苦，直到生命完結。

19世紀工業革命的整個發展過程，都離不開蒸汽這種新能源的發現和使用，它給整個文明社會帶來了翻天覆地的變化。人們或許以為，工業社會蒸汽技術的使用會將那些自古以來負重、勞作的動物（圖491）解放出來。但事實遠非如此。蒸汽機需要大量的煤做燃料，而新型工業把勞動力吸納進城市，使

圖 484　獵獅者博杜賽
（馬奈作）

他們遠離農村，這就造成農村勞動力的匱乏。無奈之餘，仍是那些病弱的馬匹，扮演著工業時代的殉道者來填補這空缺：牠們從礦井拉煤炭，為城市運輸提供能源，來彌補城市人口的短缺。瓦特在1769年發明他的第一台蒸汽機時，實在找不出一個比「馬力」更好的詞來計量蒸汽機的能量，這一用就是將近200年。一馬力，相當於一秒鐘將 550 磅的重量抬高 1 英尺的力的單位。

　　1786年瓦特和伯頓發明的雙驅動蒸汽機問世，它的功率可達 55 馬力，這標誌著人類與動物之間的關係將跨入一個新階段。不僅是礦區工作需要能量，磨坊、工廠、冶煉廠等所有地方的機器都需要能量。馬被貶黜去做最低等的苦力。牠們被放到礦井下勞作（圖 492），被套上馬具駕駛四輪馬車，牠們不停地奔跑，直到雙眼幾乎失明，就會被一腳踢開。一位名叫古納特的法國工程師大膽提議，不妨讓馬匹免受奔波勞力之苦。他把設想付諸實踐，但遺憾的是，1770年，他發明的蒸汽動力驅動馬車試運行失敗。儘管如此，馬車退出歷史舞台的日子已為時不遠。

　　然而馬車的存在的確給19世紀裝點了一道獨特而優雅的風景。英國、德國的馬車製造者精心打造他們的馬車，設計出蘭

圖485 皇家狩獵（維爾內作）
圖486 愛德華七世，做威爾
士王子時打野牛的情景。
圖487 獅子
圖488 犀牛
圖489 鱷魚
圖490 河馬

多式（車篷的前半部和後半部分別開閉的二人乘坐的四輪馬車）、柏林式、維多利亞式、提波利式和費頓式（古款雙座二馬四輪馬車）等不同款式的馬車。一時間，駕馬車的藝術又成

圖491 18世紀拉動磨麵機
的馬匹

圖492 馬被放到礦井
下。（18世紀）

圖493 馬車在巴黎至都
弗的比賽中。（1905年）

為貴族階級的時髦追求。

　　大約經過了一個世紀，這些貴族階層又找到了新玩藝：不用馬力的馬車——汽車。舊式馬車看上去就像一塊不值錢的木頭，土裡土氣的（圖493）。拿破崙以行動迅速而出名，但不是每個人都能做皇帝——郵車就不能跑到時間前面。史坦的評價就恰好說明了這一切。他在1765年這樣寫道：「假如這世上有一種荒謬無稽的抱怨的話，那就是認為法國的郵差比英國的跑得快。然而，進一步考察這種狀況，就會覺得法國的馬相對快些。這是因為，如果我們有機會稱一稱法國馬車上裝載的分量，看一看馬車上馱著的數不清的口袋，再去留意一下駕車的老馬和餵給牠們的草料的數量，我們就會對牠們仍能舉步而心懷敬意。」

　　馬變得越來越壯，能力也越來越強。在法國、德國和英國，用作重體力勞作的馬匹（圖494），能夠負擔1400到2000磅甚至更多的重量。用作大型運貨馬車的馬匹都是經過精心選種的。比如黑種馬，三匹黑種馬就能拉動一輛負重15噸的馬車。馬匹的個頭變大，牠們要承載的重量也相應變大。著名的法國郵車「迪里根」（英文音譯，意為賣力），的確名副其實。1828年的法令放寬了管理運輸的規定，這像魔法師的口令一樣，招來了一幅嶄新的場景。「迪里根」基本上是由三輛普通的車組合而成，前面是一輛供駕車人和一名乘客使用的二輪輕便馬車，中間稍高的一輛有很多座位，後面的一輛可以放許多行李，整輛車重達4噸半。一些重達1400磅的郵車就得用年輕力壯的馬。雖然牠們個頭巨大，但在1830年，牠們能跑出一小時4英里的速度，到了1848年，幾乎增快到每小時6英里。更多的流線型的郵車速度可達每小時16英里，「水星快車」從倫敦到布萊頓時速可達18英里。美國的小馬特快公司不得不補購進600隻小馬，用以開展公司在紐約和舊金山之間的5美元一盎司的郵遞業務。

　　1829年，英國一位知名運動員奧斯巴頓打了1000基尼（英國昔日的金幣，相當於21先令）的賭：他能在10小時內跑完200英里。途中，他換了29次馬，在8小時42分鐘之內跑完了全程，平均每小時跑23.5英里。人們的觀念開始變化，他們把速度看作現代文明的一個主要標誌之一，這無疑加速了馬車的衰退。動物的速度是有極限的，而機器的速度卻可以無限加快。英國的蒸汽驅動車時速為24到30英里，火車就更快了。

　　那些像瑟費力·噶西亞一樣維護馬的人畢竟是少數——他說：「這有生命的機器，能自我生產，我們給牠套上籠頭，安

圖494 該進食了──這種
強壯的拉車馬能連續工作很長
時間,是西方日常生活的重要
部分。

上馬鞍,牠就能帶我們到處走動,馬的速度已經夠舒服夠快
了,可有些人偏偏永遠不滿足。他們用鋼鐵黃銅製造出一個吃
火、喝沸水的怪物,而且只能在鐵軌上走。」不過,代弗‧堂
‧戈爾丁對鐵路的讚美更能代表大多數人的心聲:「多棒的旅
行!非常平穩的車,不需要駕馬的人,前面也不必繫著白馬,
一路上什麼不愉快的感覺也沒有!」

　　不久,內燃機的問世將給人類提供另一種交通手段;有了

圖495 汽車出現在馬車群
中,令同行的人大為震驚。
(1906 年)

它，就再也不會有馬車駕手和鐵路之類破壞旅行的樂趣（圖495）。

有個性的巴黎人在17世紀首先推出了菲亞柯。1640年，在聖菲亞柯開設了一間小小的辦公室，因為這時人們已經能夠接受這種4個座位的車。汽車向人們展示了「自動」的概念，由此，馬車不可避免地受到了衝擊。公共馬車，過去一直是城市交通的主要手段，從1825年起被有軌電車所淘汰。繼之，又出現了無軌電車和現代化的公共汽車。

到1908年，蒸汽和馬力的競爭仍然相當激烈（圖496），但後者漸漸處於劣勢。大約70年以前，戈奈的蒸汽馬車從倫敦開往巴斯，卻被老式的四輪大馬車引發的地方反對意見所否決。但這次嘗試得到了響應。有時恰是馬車運輸公司的所有者促成了這樣的嘗試。通用汽車公司的創始人杜朗特，開始的工作是打造馬車；他的同行別克、合作人納什也是如此。福特放棄了耕地，一心投入汽車行當，是因為12歲時他看到一部引擎，便下決心將來自己製造。他發現傳輸帶的秘密時，還在芝加哥的一家屠宰場工作。

1890年，英國布克漢郡的小伙子赫爾博特·奧斯廷厭倦了在澳大利亞剪羊毛的工作，回到了故鄉。作為一個狂熱的汽車迷，他成功地說服了沃斯利剪羊毛機公司的老闆，開始投資製造汽車。1906年，奧斯廷創建了他自己的公司。

這兒有一個和C·S·羅斯有關的故事。1899年，他前往巴黎購買一部潘哈德汽車。他駕車行駛在卡萊斯路上，迎面來了一輛馬車。他減慢速度，對方向他揚起帽子致謝。羅斯對同伴驚嘆道：「你看，在法國開車和在英國是多麼不一樣！在這兒，我減速，對方會感謝我；而在英國，除非我在一匹緊張的馬前完全停住，否則主人就會把我拽到治安長官那兒，讓我重重地挨罰。」

在1907年舉行的北京至巴黎國際汽車拉力賽中，汽車遇到困難時動物可是發揮了巨大的作用：駱駝取來新的汽油補給汽車，驢子把陷在泥裡的汽車拖出來，馬隊幫車輛涉過淺灘。最後，當勝利者斯皮歐·貝賈斯王子行程60天抵達終點時，他那輛40馬力的義塔拉贏得了所有人的掌聲。

迪賽爾將內燃機應用於汽車，無疑又加快了馬車被淘汰的速度。不久，第一次交通堵塞（圖497）便開始把城市大道變成了噩夢。並非由於火車引擎的發明和使用取代了馬拉車（圖498），就如19世紀的漫畫家所胡思亂想的那樣（圖499）。馬

在農村地區（圖500）還能多派些用場。但即使在這些地區，機械化正在取而代之，因為機械化使一機多用成為可能（圖501）。

19世紀第一次出現了反對過度迫害動物的行動。這在當時簡直令人難以置信，但的確成為一種時尚。一系列標題為「世界顛倒」的招貼畫在法國、義大利和西班牙境內廣泛轉播，畫中動物和人的角色交換，頗有「以其人之道還治其人之身」的味道（圖502）。從19世紀末開始，藝術家和學者就已懷著極大的熱情重新思考研究人類與動物之間的角色關係。瑞士人拉維特示範說，如果想要準確全面地研究人相學，很有必要先對動物相學有一個完整的了解，因為二者之間有很大的相似性。西班牙畫家戈雅常在作品中用動物來隱喻或預言人類社會中政治、人倫等方面的問題。這幅驢子照看病人的畫（圖503）中，放肆的驢子代表了當時的統治者戈迪艾，他正自以為是地診治著苦難的西班牙。

整個19世紀，作家們都在不遺餘力地鼓吹讓動物得到更友善的對待。全歐洲的孩子都為驢子卡迪卓的不幸而流淚，牠是《一隻驢子的回憶》中極富哲學思想的主人公，這隻驢子在回憶中反省了人類的愚蠢。迪恩、漢斯·安德森創造了一個美妙的世界，在那兒，白狐對著風暴的音樂起舞，野天鵝引領睡著的人到達中國皇帝的宮殿，那裡的夜鶯正在歌唱，還有被仙樂縹緲的海浪環繞的沙丘。儘管本世紀的科學發現和富於思辨色彩的理性主義甚囂一時，人們還是對古老的傳說充滿興趣：科學家可能會莊重地討論人類遺傳的問題，但每個人都聽過這樣的傳說——嬰兒是動物從煙囪裡扔進來的（圖504）。法國大文豪維克多·雨果用他獨特的泛神論思想發現了人類靈魂深處的「動物性」。劇院也正熱鬧地上演著動物象徵劇，比如易卜生的《野鴨》（1884年）和契訶夫的《海鷗》（1896年）。音樂界則有舒伯特的《鱒魚》和聖桑的《動物的狂歡》、《垂死的天鵝》以及柴可夫斯基的《天鵝湖》。

這種將動物詩化的浪漫情調，在英國被渲染得尤其濃厚。艾德華·李爾從1846年開始寫作他那些胡言亂語一般的詩歌，而讀者卻為詩歌中那個荒誕離奇的世界著迷——在那兒，動物明顯地優於人類，無論是共同意識，還是共同人性。牛津的數學家萊文德·查理·道森用萊維斯·卡洛的筆名，為他的小朋友愛麗絲·里德爾寫出了《愛麗絲夢遊仙境》，在故事裡，一隻白兔是女主角的嚮導，龍蝦能跳方舞，柴郡貓能「很慢地消失，先是尾巴梢，最後是牠的露齒一笑，那笑會在牠的整個身

圖496 1910年的巴黎大道，載客馬車和公共馬車相安無事。

圖497 1961年法國愛麗舍大道的交通情況。

圖498 弗蘭克尼在訓練馬術。（1808年）

體消失後，停留一段時間」。

巴立筆下的彼德潘，他最忠實的同盟是肯星頓花園的鳥兒們，在那兒，這可愛的男孩永遠沒有長大。與巴立的故事相仿，瑞典作家賽爾馬・拉戈勞夫的關於野鵝的故事裡，也有一個可愛的小不點英雄。不過，在所有描寫動物故事的作家裡，

圖499 卡通畫,自火車問世後,馬戲團如此表演50年。（1846年）

圖500 1927年美國一大農場,30匹馬拉著收割機。

圖501 1960年,機械聯合收割機。

最細膩、最傑出的得算魯迪亞・吉普林。他的作品將現實和想像融為一體,這種寫作風格常常被人摹仿,卻沒有一個人能夠與他企及,《叢林故事集》等作品堪稱我們這個時代文學遺產的一部分。沒有一個孩子,或者說,沒有一個經歷過童年的成人,不曾從那些像《戲弄大海的螃蟹》、《自己走路的貓》等

圖502 世界顛倒——鳥在
向獵人開槍。（1820年法國流
行的木刻畫）

故事裡得到過樂趣。但是，無論是這些富有同情心和豐富想像
力的作品，還是漫畫家筆下那些辛辣的諷刺（圖505），都沒
能使人類對「那些越來越少的兄弟們」（圖506－509：各種類
型的人都能在動物世界裡找到對應者）多一些仁慈之心。一些
先鋒派的覺醒，對改變現狀並沒有產生什麼效果。

　　理查·馬丁是一個顯赫的大地主，1754年出生在都柏林。
他對動物的苦難感受至深，以至於他的朋友喬治四世暱稱他
「人情味的馬丁」。他滿懷熱情投身保護動物的事業，在他的努
力之下，第一例「反對虐待動物的保護性法令」於1822年通
過。兩年後，他又在倫敦一家咖啡館裡成立了皇家動物保護協
會（RSPCA）。1865年，美國外交官亨利·波戈在俄國親眼
所見人對動物的虐待，他被深深觸動，與英國皇家動物保護協
會取得聯繫後，於次年在紐約成立了相同的組織。1845年法國
的一群社會名流也成立了皇家動物保護協會，成員中有警察總
長戈彼爾·德賽特、德·戈萊蒙將軍等舉足輕重的人物。其
中，德賽特使嚴禁車夫鞭打馬匹的法令生效，戈萊蒙將軍提出
對公開虐待家畜者，一經檢舉處以罰款的條款，而這一條款卻
受到國民的嘲諷。

　　動物的權利終於受到了尊重，至少是在理論上。但事實和
理論還有很大的差距。雖然動物保護協會再三要求取消，可是
法國南部的鬥牛還是想要蠢蠢欲動，說到底，這還是一種根深

圖503 驢子和傷者（戈雅
作品）

圖 504 動物和嬰兒（慕尼黑）

蒂固的地區風俗。1894年教皇李奧十三下令，禁止牧師在競技場露面。而法國議會也因戴克斯市市長批准進行鬥牛一事掀起軒然大波。委員會主席義正詞嚴地回敬市長的辯駁：「這種行為對整個人類，或者說所有文明人來說，都是駭人聽聞的，在一個民主國家發生這樣的行為是令人感到羞恥的。」

圖 505 世界顛倒——乘車人像馬那樣拉車，選自1820年法國流行的系列木刻畫。

圖506 孔雀：「我是個百
萬富翁，有五個城堡和一大堆
朋友。」

圖507 貓頭鷹：「整個冬
天我都在跳舞，可我還是胖
了。」

圖508 山鷸小姐將要為
你獻歌……

圖509 自信的老鼠：「假如我一直
鑽，最後就一定會到那兒。」

六、動物爲友

　　人類與動物共同經歷了數千年的滄海桑田之後，終於開始了和平共處的新階段。隨著新工業文明的長足進步，人類漸漸認識到自身對全球野生生物所造成的不可計數的破壞。人類嘗試以一種建立在友好、保護和理解基礎上的態度來對待動物。儘管人類科學仍然在使用動物來完成試驗目的，有些時候也是相當殘忍的，但最終動物也將會與人類共享科學的進步。神奇的昆蟲世界給人類提供了許多有價值的教訓，而動物園正等待著來自兩半球的更大的動物。馬戲團裡的人總是和野生動物有著親近的接觸，雖然其中有些動物據說是最凶猛的。馬仍然保持著驕傲的地位，特別是在競技比賽中。人類研究野生鳥類，希望從牠們身上學到些什麼。人類與動物之間雖然還存在著一道鴻溝，但家養寵物和主人之間的友誼似乎對此是一種彌補。人類運用醫療的藝術和實際的努力使野生動物回歸自然。獵槍讓位於照相機，某些地方總會有新「諾亞方舟」行動。

圖 511 1890 年的巴黎，女士們在拉維塔屠宰場飲用獸血

本章旨在表現人與動物的友誼這一主題，但卻將以披露一些人類以科學的名義對動物所實施的殘忍暴行開始。動物以這種方式為人類醫學的進步做出了犧牲，對此我們應當以一種愧疚之心永遠銘記，因為動物和人一樣都是血肉之軀。很長時間以來，歐洲的醫生不允許解剖人的屍體，卻對動物的器官很感興趣。透過研究動物解剖學的分支，他們發現人類與動物的身體存在許多共同之處，於是斷言可以利用動物做實驗工具，來尋找減輕人類痛苦和挽救人類生命的靈丹妙藥。當然有很多醫生為了研究人體對疾病的反應以及相應的治療方法付出了相當高的代價：桑克陶瑞斯，義大利人，他在一台磅秤上花費了30多年的心血，以自己作為實驗對象來研究體重減少的原因；而托馬斯・威利斯為了診治糖尿病，不惜親自品嘗患者的尿液。但為這類科學試驗付出更多的，是數不清的貓、狗、老鼠、兔子和猴子。

圖 510 從一隻綿羊身上抽血。（18 世紀）

生病的人如果喝下健康動物的血，就能很快恢復體力，這種說法大概從人類存在之初就已產生。而自從哈維發現了血液循環之後，更是為直接把血輸進血管提供了可能。英國醫生瑞查德在1665年第一次成功地將一隻狗的動脈與另一隻的咽喉用一根鵝毛根部製成的細管相連。這馬上引發了一系列相似的實驗：比如在人與羔羊之間（圖510）、兩個人之間等，但這些實驗卻都不怎麼成功。直到1900年，由奧地利人蘭斯提納發現了不同血管組織的存在。經過在一批猴子身上反覆進行試驗，輸血這項醫學技術在 1938 年取得了決定性的成功。而在這之前，感覺身體不舒服的人往往不惜到屠宰場走上一趟，喝下一杯新鮮的獸血來恢復體力（圖511）。

誠然，人類在動物身上實施了很多殘忍的實驗，但這並不僅是為了醫治人類的疾病，同時也適用於動物自身。接種疫苗技術的發展和血清的使用，雖然來源於大量動物的犧牲，但的確為物種的健康生存提供了有效的保障。早在1014年中國人就發現，從生天花的人身上提取病菌，接種在健康人身上，可以使之免受天花之苦。17世紀，這種方法由駐康斯坦丁堡的英國大使之妻從亞洲傳入歐洲。

一位名叫簡納的鄉村醫生對一種為人熟知的現象進行了科學研究。這種現象就是，那些接觸過被牛痘（英國發現了牛痘，法國研製了疫苗）感染的牲畜的人，就永遠不會遭受牛痘在人身上發作時那種更可怕的情形。擠奶女工白皙的皮膚與當時生過牛痘的人臉上留下的疤痕相比，就是一個不爭的事實。

簡納成功地完善了這項技術，由此人們可以透過接種牛痘來預防它在人身上發作時的危險。接種疫苗一下子成為時尚，漫畫家們又一次記錄了那時的情景（圖512）。之後不久，整個歐洲都接受了這件新興事物。德國首相俾斯麥是第一個在全國強制推廣牛痘的政治家。

透過觀察動物治療動物，帕斯圖發現了治療人類疾病的有效方法。他發現肉眼觀察不到的微生物是蠶致死的原因，而微生物細菌則會導致使牲畜死亡的炭疽熱。他發明了一種方法，即給牲畜接種這種病毒的威力較弱的細菌。1881年5月5日，他在人群圍觀之下，在幾隻綿羊身上進行了實驗，結果證明他的方法行之有效。運用同樣的原理，帕斯圖成功地為狗接種了狂犬病疫苗。最後，在1885年7月7日至16日這段值得紀念的日子裡，他為一個名叫約瑟夫・麥斯特的男孩成功地接種了狂犬病疫苗（圖513）。

與此同時，羅伯特・考奇正在運用顯微鏡這一先進儀器研究世界上最微小的生物。經過對患有肺結核的牛、猴子、豬、荷蘭豬、兔子、雞等動物的系統研究，以及對比人群中的肺結核患者，考奇發現桿狀菌是肺結核的致病元凶。他的學生布哈林和肯塔斯圖證明，從被接種肺結核疫苗並具有免疫力的動物的血液中提取的血清裡，含有一種「毒素抗體」，能夠使人類預防或治癒這種疾病。

帕斯圖的同事伊麥爾・魯克斯從馬的血液中提取了防治白喉的血清（圖514、516）。帕斯圖自創的方法享譽世界（圖515），1888年一個國際基金會成立了帕斯圖研究中心。1894年，伊麥爾・魯克斯在帕斯圖研究中心創下了在人體試用抗白喉血清的成功先例（圖517）。

此時，亞歷山大・約森正在研製抗瘟疫的血清，瑪莫萊克致力於鏈球菌感染，卡麥特忘情於抗蛇毒血清。蛇毒的解藥尤其重要，這不僅因為它能使人安全地活動在叢林和森林這些以前被看作容易喪命的地區，而且意味著人類已經能夠利用蛇毒（圖518）治療其他疾病。

在同疾病做戰鬥的過程中，人類與動物站在了一邊。人們了解到，導致人與馬臘腸菌中毒的，主要是被稱為D和E的兩種毒素。當帕斯圖研究中心的普萊特博士發現了能夠殺滅D毒素的血清時，獸醫們已經期待良久，因為這可怕的毒素早已使無數的馬匹喪命。為重新發現對付E毒素的方法，普萊特博士解剖了從法國境內的河流小溪中打撈上來的175條魚的屍體，

從中提取需要的東西，然後在 1760 隻白鼠身上試驗這些提取物。最後，他終於找到了一種方法，來對付這種世界上已知威力最大的毒素，這種毒素尤其容易在久存變質的罐裝食品和剩餘食物中滋生。這種可怕的臘腸菌不僅對動物殺傷力極強，人一旦被感染，也難逃一死。一克臘腸桿菌所含的毒素能使32000人喪命，威力之大可以想見。彼艾爾教授的兒子僅僅吸入了極少量的A毒素便不幸夭折。臘腸桿菌中毒會導致一種緩慢而沒有痛苦的死亡，先是眼睛，然後慢慢擴散到其他器官，最終侵襲心臟，全身癱瘓而死。

　　一條普通的河鱸魚、一隻兔子、一隻白鼠或是一隻家鼠，又在一場與致人死亡的疾病抗爭中，扮演著重要的角色。比如糖尿病。有時我們也許會奇怪：究竟是人還是動物，在這場拯救糖尿病患者的戰役中，擔當著重要的角色。糖尿病患者會因胰腺功能的減退而導致血糖超標，繼之引發大腦糖原供給嚴重失調。1920年，多倫多的班庭和貝斯特開始研究糖尿病的治療方法。他們用兩隻狗做試驗，將其中一隻的胰腺摘除，使牠患上糖尿病，然後將另一隻狗的胰腺提取物輸入牠體中。結果治療奏效，這隻患有糖尿病的狗的血糖降至正常。1922年1月11日，胰島素第一次被應用於人體。

　　動物為科學所做出的奉獻真是數不勝數。假如沒有動物的幫助，我們根本沒法了解維生素的多種功能。比如維生素[12]，抗惡性貧血的主要功臣，是在嘗試完全用蔬菜飼養家禽的過程中被發現的。人們發現，只吃蔬菜，動物和鳥類便會發育不良，也不能孵蛋了。於是科學家們開始尋找食譜中缺少的動物蛋白質，維生素[12]應運而生。

　　對動物的研究也引發了除醫學以外其他領域的有趣發現。1878年，加利福尼亞攝影師愛德華‧麥布里治對歐洲專家已經研究過的動作再現產生了興趣。在加利福尼亞的薩克拉門托市的賽道上，麥布里治等距離安裝了12台照相機，快門由穿過賽道的一條條線來控制，於是他成功地完成了12張一匹白馬奔跑的不同姿態照片（圖519）。1881年麥布里治來到巴黎，會見了生理學家瑪萊。據說瑪萊那時已經發明了一種攝影槍，能拍攝到1/12秒快的動作。二人從此開始合作。他們的合作不僅完成了對馬運動細節的進一步研究（圖520），而且初次嘗試了對鳥類飛行的細節研究，這也可以說是飛行動力學的萌芽（圖521）。連續運動的圖片也促進了電影的發明。

　　人們總是帶著純粹的人類情結來觀察動物以求解決人類自

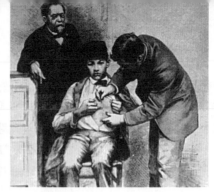

圖 512 法國卡通畫：第一次接種疫苗（1800 年）

圖 513 帕斯圖在觀察接種疫苗。

圖 514 培養血清。

圖 515 19 個被狼咬傷的俄國人前來巴黎接種帕斯圖的狂犬病疫苗，其中 16 人獲救。

身的問題。人們知道蝙蝠透過產生超音波來定向獲取快速移動的昆蟲，於是科學家開始研究類似蝙蝠的雷達系統來幫助盲人。長頸鹿被用來研究超音速血液循環動力，因為長頸鹿的血液流速經常快速變化。在航太先驅加加林、第多夫、格倫和卡朋特之前，首批太空人其實是兔子、老鼠、猴子、狗、松鼠和蒼蠅，牠們早就體驗了失重的感覺，甚至常常經歷致命的實驗。蘇維埃太空狗萊卡在 1957 年 11 月 3 日發射的俄羅斯太空船上成為為科學獻身的第一個動物。其他動物在環繞地球一周之後都安全地落在地上或海上。另外犧牲的還有 1960 年 8 月俄羅斯的太空狗白爾卡和司特萊卡（圖 523）、1961 年 11 月美利堅的太空猴艾挪司（圖 522）。誰也想不到，當年西班牙征服者從秘魯帶回來的令人喜愛的「荷蘭豬」，竟然成了人們現在最得心應手的實驗品（圖 524）。

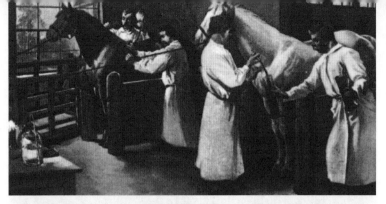

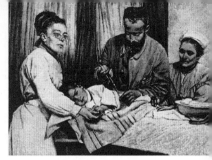

圖516 從馬的血液中提取抗白喉的血清。

圖517 正在接種抗白喉疫苗的孩子（帕斯圖研究中心）

圖518 在實驗室中提取蛇毒用以製成蛇毒抗體。

　　螳螂（圖525）抬起牠的前半段身體，前腳舉起合攏在身體兩側，用牠那碩大的眼睛逡巡著世界，尋覓可以下肚的獵物……時至今日，我們也很難對昆蟲世界有一個完整的描述。在大約100萬的動物種類裡，昆蟲種類絕對不少於75萬。在生命圈的新陳代謝中，昆蟲扮演著重要的角色：牠們參與農作物的再生，消滅腐爛的東西，還承擔著其他重要的任務。而且，牠們還對人類生活的健康舒適起著巨大的作用。不過，對科羅拉多甲蟲造成的破壞人們至今也不能給予合適的解釋。1859年之前，牠的危害僅限於美國的野生土豆；1874年，已蔓延至東部海岸；1921年，傳至法國波爾多地區，很快散布到歐洲的其

圖519　馬匹跳躍，美國
人麥布里治對運動的研究，
薩克拉門托競技場。

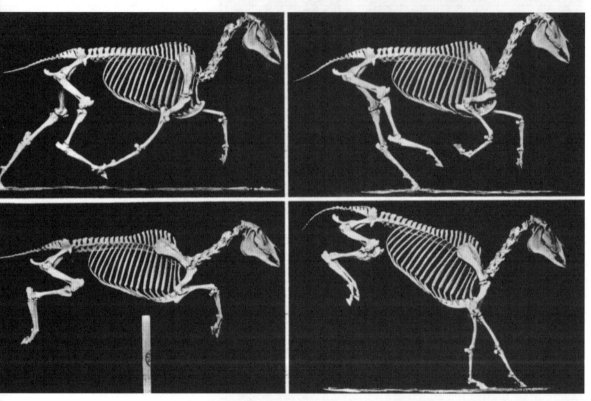

圖520　動物運動 X 光照
片，馬在慢跑、奔跑和跳躍
欄杆的鏡頭。

圖521　麥布里治對飛鳥
運動的定格研究。

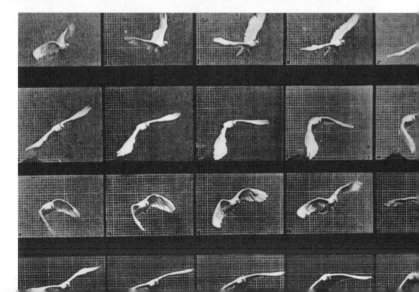

圖 522 猴子在太空艙裡
整裝待發，為人類宇航員開
拓道路。

圖 523 俄羅斯太空狗達
木卡和可齊亞夫卡。

他地方。牠所引發的災害足以引起自然學家（圖526）對昆蟲世界的注意，他們不再認為研究昆蟲僅是旁門左道。

　　對不同昆蟲種類的細緻研究，帶給自然學家意想不到的有用發現。雙翅目昆蟲，比如蒼蠅（圖527），牠們通常都有一對翅膀和一對尚未退化的殘留部分，這對翅膀下的殘留部分在牠們飛行時總是不斷地震動，使這類昆蟲在飛行時認知路線。而飛機上配備的許多個用以控制方向和保持平衡的回轉儀，在飛機高速飛行時顯得極不可靠。運用蒼蠅飛行的原理，在回轉儀上加上震動葉片，便可以使飛機在飛行時靈敏地調整方向，並且有效地減低慣性作用。

　　昆蟲學家需要對生物保持無限的耐心和全部的關切。僅憑傳說和外觀去研究昆蟲，很容易誤入歧途。比如，我們可以觀察到朗瓜道科的一種蝎子，牠身長8厘米，樣子很嚇人，如果被牠刺上一下，後果不堪設想；可是誰能想到，牠背上的兩個碩大的眼睛（圖528）和三對側生的眼睛，卻沒能使牠具有良好的視力。牠得通過嗅覺捕捉獵物，假如這獵物笨頭笨腦地闖入牠的攻擊範圍的話。

　　中世紀的人們對自然界還沒有什麼科學的認識，這倒使他

圖 524 實驗用的「荷蘭豬」

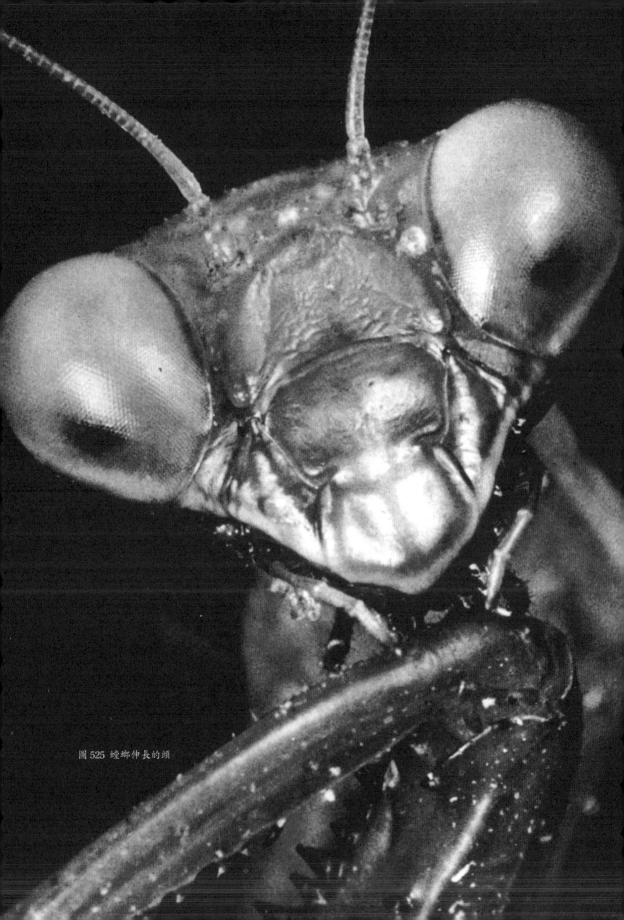

圖 525 螳螂伸長的頸

圖 526 1880 年，在巴黎
舉行的一場幻燈演示的關於
雙翅目昆蟲的講座。

圖 527 普通的家蠅在吮
吸一塊糖。

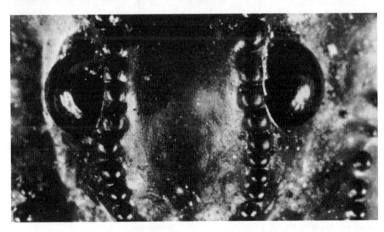

圖 528 蝎子眼睛的特寫

們對自然保持了一種親近的觀察。蜜蜂就被他們賦予了人類的
感情。人們相信，蜜蜂與主人之間有一種密切的感應，如果主
人死去，蜂群也將隨他而去，或者拒絕工作、棄蜂巢於不顧，
直到有人用黑紗蓋住牠們的蜂巢以示悼念。人們猜想蜜蜂一定

痛恨爭吵，尤其不喜歡人們為尋找蜂巢而引發的紛爭。

很久以後，自然學家才揭開蜂群神奇的群體性生活的奧秘。但早在人類社會初期，人們在尚未完全了解蜜蜂的情況下，就已經從中得益了（圖529）。古埃及人極為尊崇蜜蜂，在他們的生活裡蜂蜜是和皇室相關的象徵（圖530）。幾百年來，人們一直在猜測每個蜂巢裡那隻負責繁衍後代的蜜蜂的性別。有些人認為那是一個「長官」或者「蜂王」，而另一些人則認為那是一隻「蜂后」。17世紀，荷蘭醫生斯瓦摩丹藉助顯微鏡發現了蜂后的卵巢（圖531）。18世紀，法國人拉莫進一步做出了肯定性的解釋。大約半個世紀後，日內瓦的盲人自然學家弗蘭索斯·哈勃得到了令人難以置信的新發現：蜂后是在蜂巢之外交配。哈勃用僅剩的視力去觀察工蜂如何把牠採摘的花粉卸入花粉櫛中。後來，他依靠自己忠實的僕人波恩斯來研究蜂后的競爭者們是如何在搖籃裡被消滅的。波恩斯還用放大鏡觀察蜜蜂的婚飛，而哈勃則在一旁計時。

法國昆蟲學家法布雷發現，蜜蜂對蜂巢附近半徑為2.5英里的地區非常熟悉。牠們能對自己的蜂巢保留一個大概的視覺記憶，就像我們對曾經居住過的地方僅有一個模糊的記憶，卻對實在的房舍、房間甚至一把坐過的椅子都可以清晰地記起一

圖530　刻於埃及卡納克石碑上的蜜蜂

圖 531 蜂后在下蛋前巡視每一個蜂窩。牠在壯年期被餵得飽飽的,每天下兩到三千個蛋。

樣。但儘管二者具有相似性,人們還是無法確切地解釋蜜蜂為什麼能夠準確地辨別方向。楊教授曾經將一個蜂巢挪到 4 英里外的地方,然後放飛這些蜜蜂,17隻找到了老巢。幾天之後,牠們被再次移到更遠的地方,而蜂巢被置於湖上的一條船裡。這一次,所有的蜜蜂都迷路了。

1845 年,西里西亞的一個牧師發現未受孕的蜜蜂也能產卵,但孵出的只是雄蜂。科學家們著實花了不少時間,去求證這種單性生殖的可能性。作家們,甚至是那些親近自然的觀察者們,都輕蔑地視雄蜂為聒噪、貪婪、無用的東西。現在我們知道,這些大號的雄性幼蟲擁有一種特殊物質——酶,它可以幫助蜂群消化花粉;而且它們的存在可以使蜂巢保持常溫。偉大的奧地利生物學家馮・弗立希明確地解釋了亞里士多德多次提到的「蜂舞」:劃著圓圈的舞蹈表示近處發現了蜜源,呈「8」字形狀的舞蹈表示遠處發現了蜜源,舞蹈中的變化表示蜜源的距離和方向。

蜂王漿,這種由工蜂分泌給蜂后幼蟲吃的有黏性的營養液,其特性真是令人驚異萬分:它可以使微小的蜂后幼蟲,在 5 天之間,重量猛增到原來的1800倍。誰也無法斷言,這就一

定是來自蜜蜂世界的最後一個奇特發現。

　　歷史上最早的動物園屬於中世紀印度和中國的王子們。他們的私家花園就和中等規模的歐洲城鎮一樣大，裡面滿是野生動物。在那裡，動物們自由地漫步，只靠寬寬的河流和飼養者的技巧來圈住牠們。伊斯蘭的哈里發們也有同樣的興趣。阿爾荷在撒馬拉的動物園方圓近20平方英里。文藝復興時期歐洲的王子們也收集野生動物用做展覽，或是當做寵物，但數量與前人相比，就小得多了。一些學習野生動物學的學生為研究之便，率先從亞洲、非洲和美洲引進了一些野生動物。

　　這些收集大量地吸引了公眾的注意，以至於規模越來越大，越來越有組織，總括來說也沒有失去科學研究的價值。1844年柏林動物園建成，它是波茨坦動物園的一個分支。倫敦動物園在1828年4月27日對公眾開放，皇家收藏的野生動物也併入其中，人們終於見到了那些在倫敦塔中囚禁生息了近600年的傢伙們。成立於1838年5月1日的荷蘭皇家動物協會在阿姆斯特丹開放了動物園。紐約市民直到1899年11月8日才在布朗克斯有了自己的動物園。

圖 532　猩猩幼時有些像小丑，但長大後性情有些乖戾，儘管智力仍然很高。

在19世紀的這些動物園裡，動物被用沉重的鐵欄與遊客相隔。牠們被關在窄小的籠子裡，就像我們今天常常看到的那樣。我們或許會有些納悶，猩猩（圖532）、斑馬（圖533）、大猩猩們（圖534）是否會隱約回憶起牠們在野外的自由天地。畫家們（圖535）以極大的熱情竭力想要在畫布上表現動物的「自然本性」，但他們恰恰犯了一個錯誤，因為他們面前的這些動物在大自然裡絕對是另一種狀態。即使獅子看上去並不因這些隔離人群的鐵欄所困擾，但牠顯然相當厭倦這種生活（圖536）——畢竟，牠不再需要獵食，或是在獸籠裡逃避敵人。對這些動物而言，真正的悲劇是牠們在獸籠裡喪失了求生的本能。

漢堡的動物收集者查爾斯・哈根貝克曾招集一千名肯齊茨部落成員去捕捉蒙古境內戈壁沙漠上最後的野馬。這些大草原上結實的小皇帝們簡直像是來自史前世界。牠們令哈根貝克度

圖533 囚禁中的斑馬（攝於阿姆斯特丹動物園）

圖534 法國巴黎郊外文森尼動物園中的大猩猩

圖535 動物寫生（法國）

圖536 過去獅子們漫步在忽必烈汗寬廣的花園中，而在今天擁擠的都市，牠們只能棲身於一個小鐵籠中。

圖537 猿猴在爬樹。（攝
於日內瓦動物園）

過了極為糟糕的一天。但結果與他的大肆渲染大相逕庭：經過
幾年的囚禁，這些神奇的野馬已經被圈養得與普通的馬毫無二
致。

　　查爾斯‧哈根貝克在1845年開始向歐洲進口異國動物，這
使他名聲大震。但是，這些事情開始時，情況卻不怎麼令人鼓
舞。哈根貝克在年輕時幫助他父親進行魚類交易，有一次他廉
價買到一隻可愛的小海豹。他把海豹帶回家，養在浴缸裡並開
始訓練牠，然後在公開場合表演。他用賺來的錢再買來其他海
豹，如此循環。最後，他乾脆幹起了買賣海豹的行當。由此他
就成為第一個對野生動物進行買賣和飼養的專家。他帶著上千
種動物越過大西洋，參加了芝加哥世界博覽會，在那兒引起了
轟動。然而哈根貝克也是動物權利的首位捍衛者，他把這種美
德傳給了兩個兒子洛倫茨和亨德里克。兄弟二人繼承了父親的
事業。如今動物園裡的猴子有樹可爬（圖537），獅子有水可
游（圖538），這些權利都要歸功於這位來自漢堡的商人。1911
年慕尼黑在伊薩河右岸建立的荷拉布侖動物園，就是哈根貝克
1848年在漢堡建立動物園的原版再現。在那裡，動物們在石頭
和灌木叢中廣闊的空間裡自由嬉戲，人與動物只有壕溝相隔。
每一個物種都生活在與其最相適應的環境中。紐約動物園依法
炮製，占地250公頃，為世界之最。倫敦動物園雖然只有30公
頃，但也是動物聚集最稠密的園區。巴黎郊外的文森尼動物園
雖然1931年才對外開業，但是整個動物園到處修建了假山、小
島、池塘和溝壑。然而，我們要問：動物們在這種圈養的環境
中難道比在野生環境中生活得長嗎？這一幅母犀牛和小犀牛從
池塘中爬出來的情景不禁使人想到了同樣的物種1950年在坦噶
尼喀大旱時死在乾涸的泥塘中的情景（圖539）。

　　即使在最先進的動物園裡，動物所享受的空間也是非常有
限，但牠們卻是受關注的對象。人們花了很大力氣來使動物園
的環境更接近自然。雖然氣候的不同對有些野生動物有致命的
影響，也導致了傳染病的發生，但是動物們的食物卻是定點配
給的。事實表明，動物園中的動物的確比野生動物更健康、活
得更長久。我們總是遺憾地發現動物園只不過是動物樣本展示
園，而不可能真正成為動物保護區。動物園依然是今天許多大
城市與自然界唯一相通的一方天地。對當今市民來說，動物園
是色彩和聲音的綠洲。在這裡時間可以凝固下來，就像這些駐
足的羚羊為畫家提供寫生的機會一樣（圖540）。

　　文藝復興時期的動物頗得王子們的歡心，而17、18世紀

的雜技表演漸漸成為大眾的娛樂。不同年齡的觀眾屏息靜氣地觀看著受過訓練的動物們表演牠們的絕活，一邊看一邊猜想；這些表演是否像看上去那麼危險，要花多少功夫才能把動物訓練成這個樣子。人們尤其欽佩那些野生動物訓練員的勇氣，他們使表演更富有觀看的刺激性。在電影還沒有打造出一代明星之前，女性（圖541）或男性（圖542）馴獸員都享有國際聲譽。

人能夠與動物和平共處的情景在馬戲團裡表現得淋漓盡致。畢加索在創作以雜技之家為原型的作品時，深刻地體會到了這一點（圖543）。無論訓練哪一種動物，不管牠是猴子、山羊、貓、狗之類，還是比之個頭更大、更凶猛的動物，都需要馴獸員付出信任和理解，然後循序漸進地反覆練習牠們的技藝。動物雖然不會說話，但牠們可以用聲音表達自己的感受。一本專門破譯動物聲音的辭典已經問世。黑猩猩的大腦裡也有和人類說話時近似的腦溝回，牠們用23種不同的聲音對日常發生的事件做出回應。雞有9種不同的「咯咯」聲，其中5種是牠們與孩子的專用語。海鷗能發出68種變調音，每一種相當於

圖 538 阿姆斯特丹動物園的獅子在池塘邊。

一種特殊的情緒。很多野生動物，從獅子到夜鶯，都是用聲音劃定自己的勢力範圍。然而，馴獸的技巧並不在於用牠們的語言與之交談，而在於引導牠們做出獨特的動作。這不同於某些蹩腳商人舉辦的那些不太莊重的展覽，而是應該適當增加動物的自然活動。此類表演中值得一提的是本世紀早期的艾爾博飛馬，牠們具有相當高的智力——據記載，一匹黑色的阿拉伯種馬被帶到日內瓦的克萊帕迪教授面前，在訓練者不在的情況下，牠能在幾秒之內算出 456766 的平方根和 15376 的立方根。

專家們一再強調，馴服動物和訓練動物相當不同，但要確切地解釋個中緣由，他們也顯得無能為力。他們所能給予的最好解釋是：訓練動物靠的是勸服，而馴服動物則依靠強制。這種說法或許是對的，但它並不能改變訓練動物同樣需要力氣的事實，就像馴服動物也得具備相當的耐心一樣。馴化一隻剛被俘獲的動物，如同經歷一場漫長的歷險。在這個過程裡，人與獸之間的相互感應得慢慢培養。

與人們通常所認為的恰好相反，訓練野生動物的最佳時機是在牠們腹中無食時；因為打擾牠們飯後的消化，會很容易激怒牠們，使牠們變得充滿攻擊性。而一頓美餐則會被牠們看做努力工作的獎賞。

每隻動物都有自己的自然習性。比如，訓練一隻獅子爬上凳子要比訓練豹子困難得多，這是因為獅子通常待在地上，而豹子和美洲獅天性善於攀援。老虎呢，則是既能跳又能爬。馴獸員們會藉助升降機這類器械來訓練大象，而掛在空中的肉片卻能調動起老虎的積極性。但最後的成功取決於馴獸員的個人魅力。

圖 539　這隻小犀牛雖然沒見過大河，卻依然能夠在水中逗留 10 分鐘。

圖 540　畫家在為羚羊畫
速寫。

　　而且，如果沒有關於動物方面的一些知識，觀眾就無法正
確評判這些表演的危險度，也不能真正感受表演者的勇敢。把
頭放進獅子嘴裡無疑是個冒險的嘗試，但馴獅者自有降低危險
係數的竅門：他們把獅子的嘴唇疊放在牠的牙齒上，在整個表
演過程裡使牠一直保持這種狀態——這樣，一旦獅子合攏顎骨牠
會先咬到自己的肉，就會立即本能地停住。當馴獅員和有「獅
類殺手」之稱的一隻雌獅合作表演，尤其是在他（她）把頭伸
進雌獅的上下顎之間而不用雙臂幫忙，而且雌獅的牙齒裸露的
情形下（圖545），馴獸員的技巧就顯得格外引人注目。

　　就像人的智力有高低之分，有些大象也能比其他同類更快
地接受人教給牠的東西。有些只花幾天時間，就可以達到預期
訓練效果，而另外那些得花幾週甚至幾個月完成同樣的訓練任
務。但對馴象起決定性作用的，和馴獅一樣，是訓練者（圖
546）身上那種神奇的無法言傳的個人魅力，那是他們理解動物
的無盡源泉。

　　馬是馬戲團裡的頂樑柱，牠們與主人之間的絕妙配合也是
馬戲團裡最令人稱道的一幕。歐洲馬戲團之父是一個名叫菲力

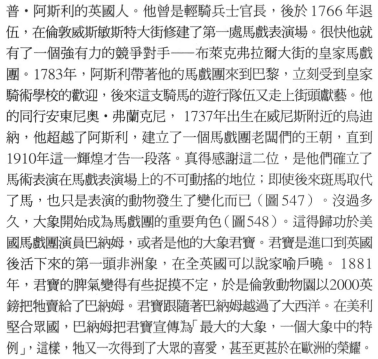

圖541 萊巴林娜女士,
1856年巴黎拿破崙馬戲團的
女馴獸員。女性從事這種罕
見的職業,的確需要非凡的
勇氣和相當的體力。

普·阿斯利的英國人。他曾是輕騎兵士官長,後於1766年退
伍,在倫敦威斯敏斯特大街修建了第一處馬戲表演場。很快他就
有了一個強有力的競爭對手——布萊克弗拉爾大街的皇家馬戲
團。1783年,阿斯利帶著他的馬戲團來到巴黎,立刻受到皇家
騎術學校的歡迎,後來這支騎馬的遊行隊伍又走上街頭獻藝。他
的同行安東尼奧·弗蘭克尼, 1737年出生在威尼斯附近的烏迪
納,他超越了阿斯利,建立了一個馬戲團老闆們的王朝,直到
1910年這一輝煌才告一段落。真得感謝這二位,是他們確立了
馬術表演在馬戲表演場上的不可動搖的地位;即使後來斑馬取代
了馬,也只是表演的動物發生了變化而已(圖547)。沒過多
久,大象開始成為馬戲團的重要角色(圖548)。這得歸功於美
國馬戲團演員巴納姆,或者是他的大象君寶。君寶是進口到英國
後活下來的第一頭非洲象,在全英國可以說家喻戶曉。 1881
年,君寶的脾氣變得有些捉摸不定,於是倫敦動物園以2000英
鎊把牠賣給了巴納姆。君寶跟隨著巴納姆越過了大西洋。在美利
堅合眾國,巴納姆把君寶宣傳為「最大的大象,一個大象中的特
例」,這樣,牠又一次得到了大眾的喜愛,甚至更甚於在歐洲的榮耀。

巴納姆是一個出類拔萃的馬戲團組織者。他的每一次出場
都會比上一次更轟動。當他的馬戲團在紐約街道上遊行時,人
們會傾城而出,爭睹籠中的野獸。獅子、老虎、土狼、蟒蛇等
一應俱全,牠們的訓練員則走在籠子一旁。駕車的有大象、駱
駝、單峰駝、斑馬、麋鹿和小馬駒;騎手們來自不同國家,還

圖542 畢德俑在馴獅。
(19世紀)

圖543 雜技之家（畢加索作品，藏於瑞典精品藝術博物館）

圖544 麥克·白瑞·工作於
瑞士·艾堡立備動物園。

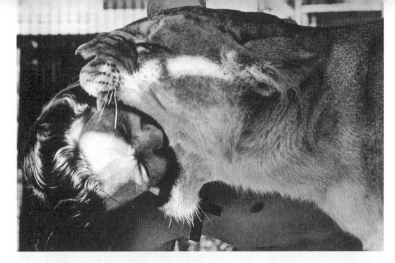

圖 545 馴獅員曼扎諾把
頭放進母獅子嘴裡。

圖 546 大象阿塞爾和牠
的訓練員喬治・拉斯考維奇

有四支管弦樂隊和一個黑人合唱隊。巴納姆的這種有些奢侈的
趣味,無形中表現出一種誇大狂的傾向和一種本質上的對動物
的漠不關心。但不管怎麼說,他的馬戲遊行給觀賞的人群以一
種誇大的莊嚴,這滿足了人類群體的某種虛榮。時至今日,在
電影時代這種趣味已經被原封不動地保留了下來。

　　大約在1830年前後,野生動物訓練裡又加上了騎馬表演,
這被作為馬戲團招徠觀眾的一個亮點。最有名的馴獸員之一,
是來自法國馬賽的馬丁,他的表演喚起了同時代人的極大熱
情。查理・諾迪艾讚揚他說:「在一支軍隊前面,馬丁或許是

另一個波拿巴。」馬丁的表演有一個主題，那就是設計完整的
情景，他和他的獅子在這一特定情境中扮演重要的角色。他的
三幕戲劇《米掃的獅子》獲得極大成功，使他得以很快退休，移
居荷蘭。在那裡，他為阿姆斯特丹動物園的建立立下了汗馬功
勞。經由美國人范‧阿姆波的《埃米爾的女兒》、卡特的《沙漠
之獅》、英國人科洛克特、畢德爾（他那標新立異的服裝是一件
男禮服上裝）等人的模仿繼承，他的表演方式獲得了歐洲大眾的
欣賞。

電影院、音樂廳、電視的出現遮蔽了馬戲場昨日的輝煌。然
而，雖然舊時的光芒有些消退，但什麼也無法真正取代野獸與馴
獸員面對面的那種極為刺激的戲劇場面（圖549）。訓練野生動
物沒有任何捷徑，那是一個進展緩慢的過程。馴獸員常常用一
把椅子開始訓練，教他的動物懂得一個簡單的道理：得到人的
友誼比惹人生氣要好得多。這往往是訓練的第一步。對大多數
野生動物來說，逃生的本能或許要比其他本能強烈得多。馴獸
者的工作是精確地測量出自己訓練的動物這一本能的力量是多
大，以及使動物感到不安的精確極限距離，這樣不至使牠轉身
襲擊訓練員。所有大型貓科動物的距離極限很明顯是比較固定

圖 547 英國波特蘭姆‧
米爾斯馬戲團的斑馬和馬在
馬戲場中。

圖 548 阿瑪馬戲團的大
象們在馴象師威利‧麥爾的
示意下表演。

圖549 保拉·布什馬戲團的老虎和馴虎師吉爾博特·胡克在一起。

圖550 巴黎德·希佛馬戲團的獅子。每隻獅子都有自己的個性,但一旦成群,牠們會是動物中最危險的。

的,據估算差不多是在1英寸之內。馴獸員憑藉這些有關動物的知識,訓練動物前進、後退、攀爬凳子。每一個物種都有其特點:拿獅子來說(圖550),成群的獅子最危險;一旦牠們湊在一起,就會結成聯盟來對抗馴獸員。

「起來,塔堂!」(圖551)這兒的每一個動作都不是偶然所致,對塔堂來說,馴獸員的氣味和他頭部的每一個動作都一樣重要。同樣道理,馴獸員也能夠從豹子、獅子、老虎的表情

圖 551 塔堂，菲力普‧
格拉斯馬戲團的 12 隻豹子之
一，正用後腿行走。

圖 552 來自德國哈根貝
克馬戲團的北極熊

裡、皮毛的紋理上、鬍鬚抑或睫毛、尾巴的抽搐裡，明白很多
東西。以此類推，和熊一起工作就危險得多，因為牠們幾乎沒
有表情（圖 552）。基本上可以把動物分成幾種類型：懶洋洋

圖 553 這種精細的表演
需要訓練者的技巧與耐心：
這是倫敦波特蘭姆‧米爾斯
馬戲團在訓練。據說西元 6
世紀馬就被訓練隨著音樂邁
步。

的、壞脾氣的、漠不關心的、傲慢的、溫順的。但一場精彩的
表演得有不同性情的動物同台才行。總括來說，野生動物也是
非常愛家的動物。就像牠們生活在自然環境中那樣，牠們會在
籠子裡選一個僅屬於自己的角落，詛咒那些不去了解尊重動物
的馴獸員。

　　是什麼促使著馬戲團把一種艱難的藝術維持至今，甚至在
那些有更多利潤可圖的表演盛行的年代？是什麼跨越時空的阻
隔，把馬戲表演史上的偉大的名字聯繫在一起？——英國的波特
蘭姆‧米爾斯馬戲團，法國的蘭希、博格龍納、阿瑪、賓德馬
戲團，瑞士的科尼馬戲團。還有那些在馬戲團裡為馬戲的發展
做出貢獻的人們：喬治‧桑格、倫茨、斯特拉茨博格、普萊茲
‧普利日……冒險的激情將他們聯繫在一起。今天，雖然馬已
經從我們城市的街道上徹底消失了，但牠在馬戲團裡的地位仍
是確定無疑的（圖553）。

　　賽馬和打獵、鬥牛一樣，也有高度專業的術語和專門的規
則。然而，它不同於打獵和鬥牛的是，其目的不是使動物死
亡，而是對生物終極光榮的一種讚美，這比花錢下賭注重要
得多。英格蘭是賽馬之鄉，英國人對賽馬的愛好源於獅心理查
王。當年他率十字軍征戰回國後，對阿拉伯馬產生了濃厚的興
趣。據說，理查王是在英格蘭伊布索姆低地舉行賽馬的首創

者。賽事有三項大獎，一共40基尼的獎金。亨利八世為首次障礙賽馬提供了巨額獎金。在這位國王統治時期，1512年舉行的切斯特賽馬會上，組織者開始頒發一個裝飾有鮮花和綢帶的木球。稍後一些時間，木球被銀球取而代之。今天我們通用的給前三名獲獎者發獎的習慣，也是由此形成的——這倒要歸功於一位銀匠不合格的手藝：1609年，切斯特市長爵爺對準備在賽馬會上發給第一名的銀球不滿意，要求銀匠重做一個，結果第二個做成後還是令他失望，於是又做了第三個。到了發獎儀式上，爵爺一時興起，就乾脆把前兩個不太滿意的銀球發給了第二名和第三名。

當國王詹姆士一世（1603－1625）在新市場修建標準賽道之前，英格蘭已經有一些類似的賽場了。英格蘭的賽馬風格由此被確立。加之18世紀純種馬的培育，以及1750年騎師俱樂部的成立和賽馬規則的大規模推廣等，這一時期便出現了許多次著名的賽馬。1776年，聖萊格爾上校在頓卡斯特騎著一匹3歲的賽馬，完成了2公里賽程，贏得了25基尼的獎金。於是就有了1801年的）「頓卡斯特杯」。在伊布索姆低地舉行的賽馬依然很受歡迎。德比爵爺在那兒買下了一座橡樹旅店，把它重修成一座莊園，還在那兒修建了一座常規賽馬場。1779年，為慶祝婚禮，他舉行了「橡樹」賽馬。1780年，他為3歲小母馬的比賽設立了50基尼的獎金，這項比賽被稱為「德比賽馬」。後來，德比賽馬成為國家級賽事，社會階層不分貴賤，紛紛趕來觀看比賽（圖554）。新市場地方不甘示弱，設立了「七月賽馬獎」（圖556）。從1814年開始，有了1000基尼的獎金。喬治四世對阿斯科特比賽情有獨鍾。1801年，他在阿斯科特設立「金杯獎」。由於對賽馬的狂熱，法國也開始修建賽馬場。法國大革命使之一度停息下來，而在法蘭西帝國之後，賽馬也多少有些本土化。但時至王朝復辟後，法國才恢復到對賽馬曾有的熱度。這也是由那些生活在海外的具有法國血統的貴族倡導所致。這些人包括英國爵爺亨利·希摩、俄國伯爵德米道夫、西班牙貴族摩查多以及皮特蒙軍官卡其奧。法國賽馬促進與改良協會終於在1833年成立，同年，奧爾良公爵制定了法國賽馬規則書。

法國騎師俱樂部成立於1834年。香迪利地區首當其衝舉行賽馬。隨之而來的，是一系列古典賽馬運動：1836年舉行了「騎師俱樂部杯」，1837年「卡德蘭杯」，1840年「試跑杯」，1843年有「法國的橡樹賽馬」之稱的「戴安納大獎賽」。1856年，熱愛奢華的法國第二王朝加大了法國純種馬的培育力度。

騎師協會由此得到特權，在法國長營地區建立賽馬場。那裡每年分為3個賽季，總共29天。巴黎大獎賽設立1萬法郎的獎金始於1863年，同年愛好跳躍的人組建了障礙賽馬總協會。1864年，另一家專門培養半純種馬（純種馬和拉車馬的交配種馬）的協會也隨之出現。

賽馬開始風靡全球。當時美國已經有了84個賽道的賽馬場（圖555）。主要賽事有設在華盛頓特區桂冠公園的「國際杯賽」，還有羅斯福公園的「國際快走獎」。在巴西和阿根廷舉行的賽馬會成為豐富多彩的節日，尤其是在里約熱內盧、聖保羅和布宜諾斯艾利斯這些大都會。莫斯科建有巨型賽馬場，日本的東京和京都兩地也有賽馬場。所有這些城市地區充斥著馬匹的擁有者、飼養者、訓練者和騎師，他們形成了一個獨特的小社會。這些人的使命似乎就是從世界的這一端奔到另一端（圖557）。

騎術愛好者常常說，騎術不是一門科學，而是一門永無止境的藝術。正因如此，這門特殊的藝術對於實踐者要求甚高，騎師必須擁有外交官、運動員、將軍、雜技師、數學家、醫生和心理學家所具備的素質。這是兩種生物之間的鬥爭，其目的不是為了獲勝，而是達到兩者間和平的理解。

我們發現，人類對馬的馴養由來已久。類似的訓練（圖558），如19世紀法國騎兵軍官所接受的那樣，可以追溯到很久遠的時代。人類獲得熟練駕馭馬匹的本領後不久，發覺很有必要制定出規則，用來規範一下好與壞的騎術。19世紀在馬術史上留下了重要的一筆，它推動騎術發展到一個新水準。法國大革命期間，設在索姆爾的騎兵學校被迫關閉。直到1825年重又開辦，旋即成為法國騎術學校的中心。凡爾賽騎術學校在18世紀是純學院派的，對表演時的舉手投足都要求很高。而且，騎手的體重、騎手與馬匹交流時的文明程度都在學校的要求之列。而索姆爾學校則對此全然不予理會。1847年至1863年期間，學校由威克密特・德・奧朗主持工作。他與德・巴立女公爵的前夫布希意見相左，二人的執教爭執成為公眾話題。直到1864年，兩所學校的治學思想被李霍特將軍合二為一，這才息戰停火。

此類由治校理念分歧而引起的爭執也從另一方面說明，當時騎術在軍事中的重要地位。與此同時，騎術在民間也有了長足的進步，並發展成許多比賽項目。1865年舉行的巴黎駿馬展示會成為賽馬團體各色精英的展示會。當初有一位人士這樣描述道：「這不亞於一處白晝的劇院，在這兒，英俊的軍官向漂亮的女士展示他們的風度，前來觀摩的紳士、淑女裡穿梭著忙

圖554 1846年，在伊布索姆舉行德比賽馬時場外的情景。

圖555 美國「皮姆立科未來獎」賽馬開始。

圖556 英格蘭「新市場」賽馬觀看者。

於挑選馬匹、馬車的馬販子、馬車夫，各色人等一應俱全，看那些軍隊的紋章，精緻無雙的馬車，還有車夫馬童華麗的服飾……」（圖559）

　　而此時的漢諾威騎術學校放棄了純粹的騎術訓練，變成了德國騎兵學校，當然畢業生中不乏技藝高超的騎師。這樣，便

圖 557 巴黎附近梅森拉
弗特賽馬場馴馬動感鏡頭照
片。

只剩下維也納騎術學校來保持發揚18世紀的大師們所規範的最
高水準的馬術培訓（圖560）。這種被譽為「最高水準的馬術
訓練」不同於馬戲團的馬術表演，牠是來展示「佩鞍的坐騎如
同在自然狀態之下，在運動的步伐和態度上流露一種自然的優
雅」。維也納的西班牙騎術學校也因訓練安達路西種馬而聞名。

圖 558　1870 年，法國
索姆爾騎兵學校野蠻的砍頭
訓練。

特別出眾的騎師團體來自霍夫堡騎術學校，他們穿著傳統的褐
色長袍，領扣繫到頸根，白色馬褲配上鋥亮的黑皮靴。這所學
校的訓練課程和前面提到的凡爾賽騎術學校完全一樣。

　　在1914年至1918年的戰爭中，由於坑道戰以及坦克的發
明和飛機的使用，使騎兵這一作戰團體告別了戰爭舞台。第二
次世界大戰爆發時，沒有騎兵作戰，機械運輸的不斷進步，使
騎兵毫無用場。如今，馬匹的出現也只是軍隊遊行的展示品而
已。皇家馬隊的行進和儀仗兵的存在，只是在提醒人們騎兵曾
有過的輝煌（圖561）。但是騎術卻沒有隨之消亡，恰好相反，
練習者的隊伍仍在不斷壯大。

　　鳥類是文明社會組織起來加以保護的第一批生物。成立於
1875年的德國「防止鳥類被槍殺協會」和成立於1895年的「皇
家鳥類保護協會」，作為鳥類保護運動的先鋒，在1902年得到
了國際上的認可。

　　目前，共有18000種鳥類生活在我們身邊，這個數字幾乎
超出了我們想像的範疇。鳥類學是一個有吸引力的學科，不僅
有許多專業學者樂此不疲，很多業餘愛好者也興致勃勃。如果
你聽說，一個美國卡車司機成為林納鳥類學會成員，你也不要
感到吃驚——雖然這個學會是全美眾多鳥類學會中的佼佼者，成
為其中的會員就意味著你可以隨心所欲地深入到任何一處路標
所示的觀察鳥類的最佳地區。奧杜邦，一位定居在美國路易斯
安那州的法國移民的後代，他留下了美國鳥類觀察的傳統方
法，迄今為止人們仍在沿用。他曾師從戴維學習鳥類學，後來
他花費了35年時間，遊歷了美洲各處未被開發的地區，向北遠
至拉布拉多河，他騎馬、步行、乘獨木舟，過著叢林的生活，
卻不斷研究並繪製各種鳥類的肖像。他的美洲鳥類彩繪於1827
年至1838年間在愛丁堡出版。博物學家庫維爾這樣稱讚道：

圖 559　1887 年巴黎的騎
術展示

圖560 維也納的西班牙騎術學校,由查爾斯六世於1729年建立,不斷發揚光大學院派騎術藝術的光輝。

圖561 伊麗莎白女王和菲利浦親王在騎馬行進儀式上。

「這是藝術對大自然最輝煌的貢獻。」

對鳥類自然生存狀態的觀察和發現是永無止境的。以麻鷸

鳥為例,牠長著一個細長、頂部向內彎下的喙,當眼睛幫不上忙的時候,牠可以用喙「聞」到泥裡的食物。幾百個細小的神經末梢匯集在喙上,可以清楚地告訴牠泥裡究竟是哪類食物。牠的這種覓食方法很像我們人類用舌頭舔嚐食物一樣。

為了有效地保護鳥類,最重要的一個步驟就是保護鳥蛋。「萬種生物皆源於卵」,持此觀點的哈維博士就是前面提到的那位發現血液循環的醫生。哈維指出,生物無論是卵生還是胎生,都沒有根本差別。胎生動物只不過是將受精卵存在體內,然後根據其發育程度進行體內餵養;而卵生動物則是把卵生出體外,用養料的外殼維持著胚胎的生長需要。

1851年,一位航海歸來的船長從馬達加斯加帶回2隻巨大的蛋,將它們贈送給巴黎博物館。這兩個蛋體積大得驚人,每一個的大小都相當於母雞通常所下的40個雞蛋的體積總和。據考證,這兩個蛋有可能是一種巨型鴕鳥所生,這種鴕鳥已瀕臨滅絕,也許近在18世紀。這兩個大鳥蛋成為蛋中之王,將它們

圖562　麻鷸由蛋中孵出。這種鳥在海邊和湖邊生長,在淤泥和草叢裡覓食。

圖563 各種魚類、鳥類、
爬行動物類動物所生的蛋大
小比較。

圖564 一窩鴕鳥蛋
圖565 一對企鵝守護著牠
們的蛋。

圖566 剛出殼的蒼鷺在吵
嘴。

圖567 剛出殼的小鴨子
在親近地呢喃。

305

圖 568　鳥類從歐洲遷徙
至非洲的行動地圖

圖 569　1960 年 9 月，灰
天鵝遷徙途中經過丹麥上空。

圖 570　莫斯科紅場上的
鴿群

與其他各種蛋相比，大小之別近在眼前（圖563）：1、大鴕鳥蛋，2、鴕鳥蛋，3、食火雞蛋，4、野天鵝蛋，5、母雞蛋，6、鴿子蛋，7、蜂鳥（最小的鳥）蛋，8、老鷹蛋，9、禿鷲蛋，10、企鵝蛋，11、鱷魚蛋，12、蚺蛇蛋，13、烏龜蛋，14、蟒蛇蛋，15、海龜蛋，16、角鯊蛋，17、鰩魚蛋。

　　人們曾錯誤地認為鴕鳥蛋是由陽光熱量孵化而出，於是中世紀的神學家們便把這比作上帝對基督的恩寵。蛋，作為誕生和生存的象徵，很容易使人聯想起復活節。當人們看到一對企鵝看護著牠們唯一的蛋（圖565），一對剛出殼的蒼鷺（圖566）或是小鴨子（圖567）蹣跚而來，便無法不被這富有象徵意義的情景所深深感動。

　　對鳥類學家來說，最令人著迷的景觀之一就是鳥類在世界各地的遷徙現象。但是對遷徙習性的研究並不僅限於鳥類。比如鰻魚，牠們也有著奇特神秘的旅行：從北大西洋的馬尾藻海牠們的出生地出發，游向歐美湖區的新鮮水域，然後回到牠們出生的地方產卵，把自己生命的終點留在馬尾藻海濃密的水草間。我們完全有可能畫出鳥類在歐洲和非洲兩塊大陸上遷徙的地圖（圖568）。春天牠們向北飛，秋天又飛回南方。法國和中歐地區通常是交接路口，在那兒，一條路向北伸向德國和斯堪的納維亞，另一條向南伸向敘利亞和摩洛哥。野天鵝伸長脖頸，有節奏地撲動著翅膀向北飛，這便是冬天已經過去的信號（圖569）。鸛能利用上升氣流，向不同方向飛行6000到8000英里；與平原、森林、海岸相比，牠們尤其喜歡肥沃富饒的平原，因為那兒有充分的氣流和飛蟲。每年，17萬隻鸛向東飛往好望角，而另4000隻則會向西飛。

　　燕子通常遷徙至東非，途中每天大約飛行250英里。金鶯類和許多其他歐洲的遷徙鳥類如麻鷚，還有千鳥類、秧雞類以及來自西伯利亞的大量鳥類，都會飛往馬達加斯加，而另一些生活在同一座島上的鳥類卻喜歡在非洲大陸過冬。一些棲木鳥類飛過喜馬拉雅山到印度過冬。只有鴿子，一年四季都忠實地待在大城市裡（圖570）。

　　來自新大陸的鳥群常常沿用四條主要的遷徙路線：兩條分別沿著東西海岸，一條沿著洛基山脈，一條從阿拉斯加到墨西哥海灣，途中穿越廣袤的、半開發的加拿大平原和達科塔平原（圖571）。金千鳥沿海上路線繞北極圈飛行40個小時，一刻不停直抵阿根廷的潘帕斯草原，然後取道美國飛回出發地點——整個行程總共2萬英里。蜂鳴鳥在拉布拉多築巢，卻會到中

美洲過冬。在人類對鳥類遷徙還知之甚少時，發現牠們遷徙路線的唯一途徑就是通過世界各地野生鳥類有規律的鳴叫（圖572）來察訪牠們的行蹤。

圖 571　達科塔平原上遷徙的鳥類
圖 572　砂鷸的聲音信號

人類從來沒有被熱愛飛行的伊卡洛斯所遭受的悲慘命運所威懾而放棄飛行的夢想——當伊卡洛斯藉助自製的雙翼越飛越高，快要接近太陽時，黏合雙翼的蠟在太陽的炙烤下開始溶化，他就這樣從高空墜入大海。埃及政府曾用一幅題為「阿拉伯的伊卡洛斯的飛行」的壁畫，作為開羅飛機場的牆面裝飾。9世紀哥多瓦的阿巴達斯是另一個飛行的獻身者。他在安達盧西亞的一座山上，藉用鷹的翅膀當做自己的雙翼，來完成飛行的夢想。可是他只不過在空中盤旋了一小會兒，還沒等回教國王哈里發的大使做好在地面接應他的準備，他便像一塊石頭一樣垂直地墜落下來。阿爾及利亞特利姆賽木地方的猶太建築師把自己繫在一隻風箏上嘗試飛行，他的運氣稍好一點，沒有送命。1678年，一位名叫貝斯尼爾的法國鎖匠試驗了一次滑翔飛行，獲得了成功的體驗。1742年，第一位德‧巴奎維爾侯爵想要飛進圖利斯，結果摔斷了大腿。1757年，約翰‧查爾茲從波士頓教堂的塔頂「試飛」。一些製作「比空氣重」的飛行器的嘗試隨著氣球的發明而停止，但在英國、法國、義大利仍有一些相當原始且大膽的試驗在進行著。皮埃爾著迷地研究著鳥類奪食時的飛行，奧托也在研究鳥類飛行後，製作了一架帶發動機的滑翔器，結果在1896年為此送了命。

圖573 人類歷史上最早想飛的人之一伊卡洛斯墜入愛琴海。他飛得太高，以至於太陽溶化了他製作的飛行翼上的蠟。

儘管天鵝（圖574）和海鷗（圖575）的飛翔足以引起人類豐富的聯想，但說實話，若想重現一隻翅膀的任何一處細微的完美都是根本不可能的，比如一隻翅膀上的600根分開的羽支，每一根又有按順序排列的600根羽小支。

圖574 天鵝的飛行

人類經過不斷摸索最終終於明白如何飛行，那不是叫囂著像鳥兒一樣在高空自由飛翔，而是藉助堅硬的金屬怪物得到人類早期夢想的那種優雅舒適的飛行感覺（圖576)。

訓練信鴿需要長時間耐心的付出，其中的奧秘最先被東方人發現並加以研究（圖577）。19世紀，比利時人使訓練信鴿又成為熱門，繼之很快傳入法國北部，又經過法國傳至英國。

1870年法國和普魯士交戰時，信鴿大派用場（圖578)：牠們在被圍困的城市之間傳送消息，其中官方聯絡信件總共15萬條。

信鴿被路透社派上特殊用場，羅斯希爾德銀行也使用信鴿。大商店用信鴿傳送訂單，外地的新聞記者用牠們向總部發送新聞稿，連日本的幾家大日報社也用牠們傳遞新聞稿呢（圖579）。

儘管信鴿在普法戰爭期間大顯身手，但牠們最偉大的冒險還是在和平年代。訓練並試飛信鴿是一項需要足夠的耐心和友

圖575 相機捕捉下海鷗飛翔的一個瞬間。

圖576 天鵝的飛行直接激發了這架英國三角翼噴氣式飛機的設計靈感。

圖 578　1870 年巴黎街區
的郵遞服務

圖 577　在一個較短的距
離裡，反覆放開再捉住信
鴿，以訓練牠們傳送消息。

圖 579　日本的報社使用
信鴿傳送稿件。

愛的運動，也是一項不斷吸引愛好者加入的事業。有一段時間，信鴿能夠飛行600到1000英里。如今，信鴿在比賽中飛一兩千英里，已是司空見慣的事情。

　　單獨的訓練並不能完全解釋信鴿為何具備非凡的識家本能。人類現有的知識還不足以揭穿人與動物之間的所有秘密，大自然仍在守護著自己的許多奧妙。

　　海象（圖580）從碧綠的海洋深處探出一張好奇的、呲著鬍鬚的臉，那臉上的表情屬於一個我們永遠不能完全領會的感情世界，而只有傻瓜才會裝作那個世界並不存在。

　　理解動物難道只是動物專家的特權嗎？一個研究動物行為的專科學生和一個花費畢生精力與動物打交道的人，這兩者中動物們更愛的是哪一個？俄國科學家巴甫洛夫因一個著名的試驗而出名：他讓狗搖鈴，然後給狗一塊肉，這個過程重覆數次，最終搖鈴和狗的饑餓就產生了聯繫——假如沒有肉的出現，狗就不會產生饑餓感。巴甫洛夫稱此為條件反射。他的學生把這種條件反射的原理用在孕婦身上，把子宮收縮——原先通常與痛感相連——現在與輕鬆分娩相聯繫。這一發現可以使孕婦們透過呼吸練習來減輕或防止分娩時的疼痛。同樣的，不管是和貓在一起的小女孩（圖581），還是和鳥在一起的小男孩（圖

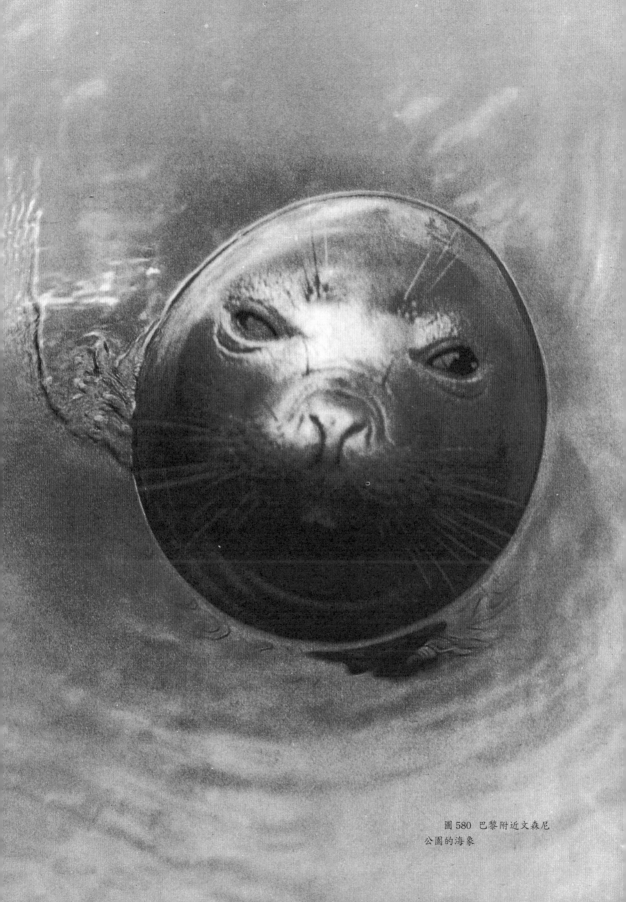

圖 580 巴黎附近文森尼
公園的海象

圖 581　裴麗　馬奈和小
貓（雷諾阿作品）

582），都不會對動物的消化功能感興趣，更不會想去探究消化神經和腦垂體之間的關係。

作曲家亨利・索格特回憶道：「在我幼年時代，很幸運地得到了一隻黑白雜色的安哥拉貓。牠伴我度過幼年、少年，直到我20歲。我叫牠庫迪，牠和我早期的音樂啟蒙有很大關係。當我練和弦時，牠總是坐在我身邊，漫不經心地聽著。如果牠對我彈的哪支曲子感興趣，就會用叫聲來表示喜歡或是不喜歡。不過，有一首曲子，只有這麼一首，牠表現出了某種偏愛，後來便成了牠最鍾愛的曲子。那是我16歲練習德彪西的作品時，德彪西小套曲中的一首鋼琴曲引起了庫迪的注意。以後，無論我什麼時候演奏這首曲子，牠都會在地毯上一邊打滾，一邊高興地喵喵叫。」

由此可見，在巴甫洛夫的鈴鐺和唾液分泌之間，在索格特的曲子和小貓庫迪的狂喜之間，有一個我們知之甚少、甚至一無所知的領域。然而，如果有一件事情可以確定的話，那就是：動物的朋友比拿著技術儀器的科學家更有可能走進這個領域。

一個手拿刮鬍刀的人可以自己選擇，是剃掉小鬍子還是刮掉下巴上的鬍鬚；可是一隻雄心勃勃想去參加犬類選美大賽的貴賓狗，就沒有這樣的自由了。在法國，貴賓狗都必須保留下巴上的長毛，鼻口上下都得收拾得乾乾淨淨，連眼睛周圍和臉頰也不例外。實際上，修剪貴賓狗的具體方法和對其毛的長度的要求，都不是一兩句話就能描述清楚的。但有一個規則是鐵定不變的：「任何超出標準的隨意修剪都被視作自動棄權。」這種修剪狗毛的傳統，源自用來捕獵水禽的一種長毛垂耳狗，獚。這種獚

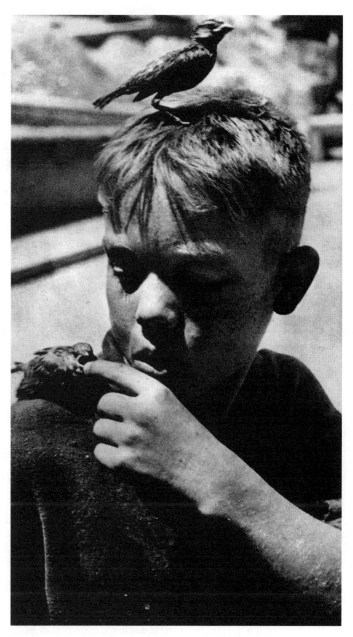

圖582　來自西班牙格拉納達省的小男孩和麻雀在一起。

圖 583 美國德伯曼·皮徹斯的西敏斯特·科乃爾俱樂部正在進行狗展。

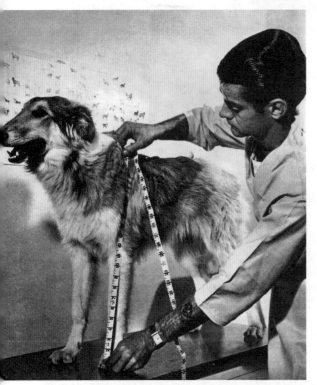

圖 584 測量一隻蘇格蘭科利牧羊犬。

在湖邊、沼澤旁的蘆葦叢中飛快地奔跑，牠的毛當然也得很快乾燥，修剪狗毛就顯得很有必要。後來，這種狗漸漸從獵犬成為流行的寵物狗。

同樣的變化也發生在其他品種的狗身上，這在整個犬類大賽中不為鮮見。狗，原本是人類的一種幫手，經過雜交變得凶猛起來，不僅品種越來越優良，也越來越成為人類喜愛的家庭寵物。費爾納德·莫利向我們描述了這種情形：「那些打獵的王子們，騎著馬整日遊蕩在外，他們的獵犬總是忠實地跟在他們身邊。他們在冬天的篝火旁談論著身邊忠實的動物，那種對伙伴的溫柔深情的情感往往會感動前來傾聽故事的女士們。」遺憾的是，這故事的後半部分卻只是時下潮流的演繹。故事的變化決定於財富和風俗的變化，有時僅僅是氣候的變化。顯然，剩下的只是科學的精確度、規則（圖 583）、測量（圖 584）和一些官方的飼養標準。當然，跟那些嗜血的狩獵活動相比，這算不了什麼；多愁善感的女士們如果想到心愛的約克郡狗或是京巴會在狩獵中喪命時，該是多麼震驚和傷感呀！

品種並不是決定動物愛人和被人愛的唯一因素。一隻用作展覽的動物同樣可以是一隻寵物，而大多數寵物並不一定會在競賽中獲獎。這個小女孩和她的兔子（圖 585）讓我們想到，無論是一種多麼普通的動物，都會喚起人類心中的某種情感。這種情感與比賽規則和動物血統毫無關聯。

動物對專業醫生的需要越來越強烈，在獸醫沒有出現之前的很長一段時間，為牠們看病的都是人醫、飼養者或是和牠們

圖 585 小女孩和她的兔子的肖像

接觸最近的人。西元前1800年，古巴比倫國王漢莫拉比在他的法典中第一次明確規定了獸醫的責任，但當時的獸醫並不多見。古希臘人在治療動物方面取得了一些先進經驗，但遺憾的是，他們的努力僅限於治療馬匹。馬醫深受醫學之父希波克拉底的影響，重視對馬類疾病的科學研究，以觀察和經驗為基礎，而不是偏信迷信。極具實幹精神的羅馬人把這種方法推廣到其他家畜的治療方面，自然取得了實際效果。於是就有了梅迪克斯這樣的獸醫：他能夠區別並診斷大量的動物疾病，熟練地為動物做手術，特別是治療疝氣所使用的方法，與今天已相差無幾。但這樣的獸醫和成群的家畜相比，還是顯得鳳毛麟

圖586 狗的看護——檢查牠們的牙齒、爪子，為牠們的傷口敷藥。

圖587 倫敦「皇家反虐待
動物協會」為動物準備的救
護車。

圖588 給馬餵藥。（18世
紀）

角；因此，經驗主義的治療方法和迷信的偏方仍在民間大有市場。

中世紀的基督教雖然已經允許動物在世俗觀念中扮演頗有
吸引力的角色，但仍然樂意把動物的肉體痛苦交給少數治療精
神的聖人。因此，獸醫的治療就變成了巫術的同義詞。儘管如
此，我們也不必對所謂巫術的影響評價過高。一本介紹如何看
護、治療動物的實用手冊，就像賈斯頓·菲伯斯手冊那樣的，
在民間廣為流傳，書中所指導的方法一天天被人們所熟知（圖
586）。

同時期的印度已經有了動物醫院。獸醫官在軍隊行軍時負
責監督馬匹和大象的治療。伊斯蘭國家則從古希臘、古羅馬繼
承了大量的醫學知識，對給馬治病的醫生相當尊敬。

文藝復興是一個全民致力於發展藝術和科學的時代，那個
時代鼓勵人們研究數學、建築等一切蘊藏人類智慧的領域，當
然也包括獸醫學。獸醫學的進步促使人們更深切地關注馬的生
存狀態，儘管當時仍是大量的鐵匠們握著馬的韁繩。小販們在
熱烈地叫賣一些鄉下藥方，諸如1701年法國西南部土魯斯市裡
流傳的那種：法國蹄鐵匠，不光會打鐵，還給馬看病，藥膏藥
水加藥粉，解乏又治病。

現在，關心動物的人還為牠們準備了特殊的救護車（圖
587）。當然，這看上去有點令人費解——因為我們或許還記
得，很久以前生病或受傷的人也未必能得到比這更好的照顧。
到18世紀，情形稍有一點改變。牛和羊一直是家畜中最先被妥
善治療的幸運兒，但對軍馬的關心似乎漸呈上升趨勢（圖

317

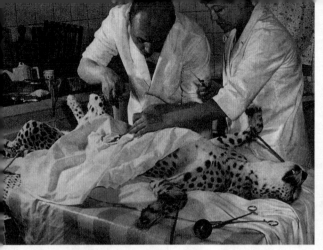
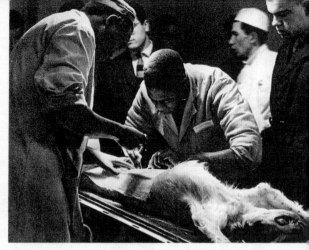

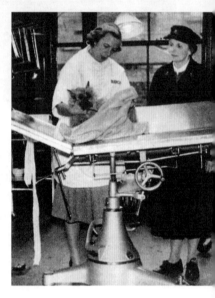

圖 589　德國法蘭克福動
物園的獸醫正在仔細地為一
隻印度豹做手術。

圖 590　法國門松‧阿爾
弗德獸醫學院的學生正在為
動物做疝氣手術。

圖 591　1800 年法國漫
畫：「時髦的蠢病」——為狗
看病。

圖 592　倫敦普特尼獸醫
院的手術

588）。1962年，參加里昂會議的500名微生物學家向早在100
年前建立第一所獸醫學院的克勞德‧伯格萊特表示了尊崇。伯
格萊特的故事從時下流行的版本來看，多少有些感傷。據說，
他年輕時在法國東南部的格勒諾伯市當律師。在他接手的第一
樁訴訟案中，他代表的一方並不具有正當的理由，但卻以他的
雄辯和狡辯獲勝。而訟案的另一方，一位寡婦，卻因為他的表
現而墜入不幸的深淵。帶著對法律職業的厭惡，他放棄了格勒
諾伯的生活，回歸他最早熱愛的事情：騎馬、養馬。28歲時，
他已經成為里昂騎術學院的負責人，他藉職位之便，開始深入
研究獸醫學。 1762年，伯格萊特 50歲時，終於得到了他等待
一生的一次機會。在國王的一位部長貝爾汀的支持下，路易十
五賜給他 5 萬英鎊研製治療牛瘟的方法。在百科全書派成員的
鼓勵下，伯格萊特成立了一所「治療動物疾病的學院」，儘管
他的舉動一點也沒有得到市民的援助。

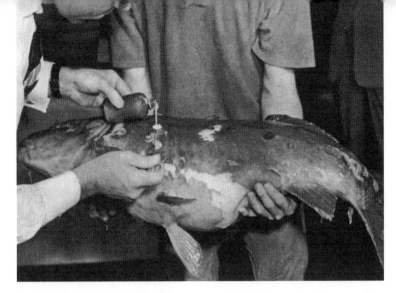

圖 593 德國法蘭克福動
物園的獸醫正在為一隻受傷
的鯉魚塗藥水。

圖594 莫斯科獸醫院一景

1766年，克勞德‧伯格萊特在巴黎附近的門松‧阿爾弗德
成立了一所類似於里昂獸醫學院的學校，主要教授解剖學、藥
劑學、植物學、病理學、獸醫學等課程。生病的動物常常被用
作課堂教學的範例。學生從歐洲各地大量湧入。他們畢業後回
到家鄉，大多數人都會開辦一所相似的學校。隨著疫苗和血清
的發明與完善，帕斯圖、庫赫、布哈林和他們的助手與學生們
為獸醫學的發展做出了決定性的貢獻，這些最先進的發現也很
快被用於診斷、治療人類疾病；透過量體溫、聽診、叩擊身體
器官，獸醫們能夠了解動物的病情，這些方法同樣適用於給人
看病的醫生。伯朗希圖、格拉西、麥克法迪耶和巴利都為完善
新的診斷技術做出了貢獻。今天，無論外科獸醫是白人（圖
589）還是黑人（圖590），也不管病獸是非洲種還是歐洲種，
這些差別已不存在。對人和動物實施的手術越來越相似，外科
獸醫也被大多數人看做是合格的醫生。這幅取自19世紀早期的
漫畫（圖591）與這幅攝於倫敦西部普特尼獸醫院手術室的照
片（圖592）相比，簡直就是兩個截然不同的世界——事實也的
確如此，這畢竟相隔150年呢。馬拉普特曾對英國人性格做過
某種有點犯酸的評價，而普特尼獸醫院的存在，簡直就是一個
以示公允的活例子。馬拉普特是這樣說的：「英國人對動物
的愛，出自一種人類誇張的情感，那簡直是一種過度的博愛。因
為他們絕對相信動物天性中的純真、善良和人性化的感情。在英
國人眼裡，只有兩種生物是文明的——英國人和動物。」

普特尼獸醫院是皇家反虐待動物協會成立的，擁有世界上
最先進的設備，上文提到的手術台就是一個典型的例子。皇家
反虐待動物協會僅在倫敦一地就開設了15個免費動物診所，由
公眾捐款維持財政支出，為那些無錢看病的動物提供醫療幫助。

圖 595 倫敦機場的動物
旅館

任何動物都可以得到有效的治療。一條鯉魚在法蘭克福動物園被敷上藥膏（圖 593），一隻狗熊在莫斯科獸醫院被餵下通便劑（圖 594），而倫敦飛機場動物旅館的小女孩可能還有點兒看不起照看小猩猩的工作（圖 595）。

動物園裡的技術人員和獸醫的職責差不多。現在，動物園的工作人員成功地使那些被認為已滅絕了幾個世紀的動物得以復生。歐洲野牛的名字最後一次被提起是在1627年；現在，德國黑拉布朗動物園經過30年的努力，終於迎來了牠的復生。俄國專家花費近20年的時間，用半馴化的美洲野牛和高加索地區的野牛交配，重新培育出最原始的野牛品種。治療家畜和那些已生活在動物園裡的傢伙們，是一項重要的工作，但挽救其他的野生物種免遭屠殺也同樣重要。

有人認為，國家公園本該在那些工業文明發展最迅速、對自然毀滅最嚴重的國家建立──這種觀點似乎很有道理。1807年，約翰·庫特為與美洲印第安人建立聯繫，冒險行至懷俄明州，他歸國後向人們描述自己曾見到的地方，那裡色彩斑斕，到處散發著野生生命的自然氣息，令人無限神往。但直到1872年，美國才通過一條法律，將黃石地區劃為國家公園，禁止任何可能改變其自然風貌的私人活動。

法國的第一個動物保護區是鳥類的避難所，1912年設在布列塔尼北部海岸附近的7個島上；接下來是1928年設在卡馬格的自然保護區。俄國早在十月革命前，就由科學研究會設立了自然保護區；現在他們已在不同地區廣泛設立了40個這樣的自然保護區。在格蘭·帕拉迪索，義大利人正盡力保護歐洲僅存的野生山羊。而波蘭的比洛維查森林，一度是歐洲野牛的家，直到牠們消失在1939年至1945年的戰爭期間。希臘人把奧林匹亞山1萬英畝的地方，包括坦帕裂谷在內，變成了一個完整的自然保護區。瑞士人總是歐洲野生生物保護大軍的先鋒，他們在恩加迪納山脈的低地地區建立了國家公園，還有大大小小數量繁多的公共及私人自然保護區。

1895年，英國成立了保護歷史名勝與自然景觀的國家機構，現在已認證1000處景觀，面積將近幾千英畝。哈姆郡的新森林從1877年就得到官方保護，面積約224平方英里，但比不上威爾士雪迪尼亞國家公園面積大。

美國現在已有2400萬英畝的國家公園區，還有250多處生物殘種保護區，在那兒可以守護那些即將滅絕的動物。愛達荷州的自然保護區有150多萬英畝，內華達州的沙漠動物保護區

面積 200 多萬英畝。

　　加拿大有著數不清的國家公園和自然保護區，其中一些的面積以數千英畝計。巨大的泰隆大型動物保護區，是麝香牛的避難所；占地1100多萬英畝的烏德水牛保護區比它還大。非洲反對毀滅野生生物的運動始於薩比大型動物保護區的設立，後來在 1898 年改名為科魯格國家公園。

　　打著文明的旗號大規模屠殺動物，20世紀的人們開始為這種行為感到羞恥。帶著一種負罪的心情，人們竭盡全力地挽救一個又一個瀕臨滅絕的物種——該是人類覺醒的時候了！吉普林、傑克・倫敦等作家早已呼籲大眾關注海豹的悲慘命運，從那時算起，人類已經荒廢了多長時間！1911年，一些從海上獲益的國家達成協議，放棄在白令海峽的捕魚權；緊接著出現了嚴禁捕殺陸上海豹的規定。這些規定似乎都盡可能地體現人類對動物的仁慈之心。與 1910 年的 132000 隻海豹相比， 1948 年的普查所顯示的 3837131 隻已表明生態保護的成效。

　　古代中國人相信，用犀牛角泡茶可以醒神、健體、壯陽。現在，在南亞地區已經很難見到獨角犀牛，而這種渾身是寶的動物曾是南亞自然界的主人。保留在印度東北部阿薩密神廟的幾百隻標本，依稀能夠喚起人們對這種曾馳騁在葡萄牙伊繆爾地區的著名犀牛的回憶，就像在都熱和加斯納的動物素描裡所能看到的那樣（圖 596）。非洲僅存的幾百隻白犀牛（圖597）已被保護起來，並嚴禁狩獵。黑犀牛的挽救工作也是在爭分奪秒。非洲大象的巨耳曾讓文藝復興時期的雕刻家們嘆為觀止（圖598），如今牠們從那些專以在倫敦、阿姆斯特丹市場買賣象牙牟取暴利的職業獵手手裡被搶救下來。今後，只能用相機捕捉非洲大象了（圖599）。

　　大多數鹿類都難逃滅絕的厄運。長著巨大的鹿狀角的大羚羊（圖600）、菲熱・戴維牡鹿，都已成為珍稀動物；鹿、馴鹿還有阿拉斯加白腰馴鹿（圖601），都應當更多地被保護起來，而不是被大規模地獵殺。長頸鹿（圖602）因為皮、肉以及自身神奇的價值而屢遭人類塗炭。懷孕的長頸鹿更是危險，因為牠們的孕期長達14個半月。不過現在，牠們可以自由奔馳在非洲大型動物保護區內（圖603）。在內羅畢國家公園，牠們得經常改變漫步的路線，以便給參觀的車輛讓路。修長的脖頸和特別長的舌頭使牠們不必和其他動物爭食，樹冠頂端的嫩葉就足夠牠們享受了。

　　久而久之，人類已漸漸意識到保護野生動物的重要性。

圖 596　蘇黎世自然學家加斯納的動物素描

圖 597　用鏡頭捕捉非洲犀牛。

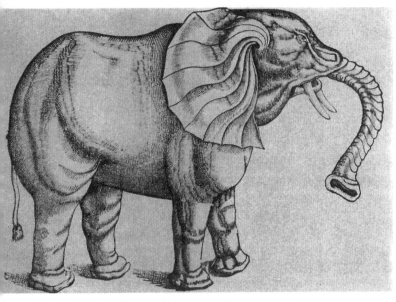

圖 598　蘇黎世自然學家加斯納的動物素描（1551 年）

圖 599　用鏡頭捕捉非洲大象。

圖 600　自然學家加斯納動物素描中的大羚羊

圖 601　鏡頭前的牡鹿

圖 602 1551 年自然學家加斯納的動物素描。時至 1658 年，長頸鹿屬於土耳其蘇丹專寵。

圖 603 非洲東部肯尼亞和坦噶尼喀交界地區的長頸鹿。

1913 年，瑞士人保羅·薩拉辛召集了 17 個國家的代表匯集伯爾尼，討論動物保護問題；然而直到1948年，協助聯合國、各國政府和世界各地學者專家共同解決這一問題的國際自然與自然資源保護聯合會才在法國楓丹白露成立。這一組織的成立極大地推動了自然保護區的設立工作。該組織所設立的自然保護區種類細緻，包括全保護區，對此類保護區實施完全保護，其中一些只對研究者據其研究內容適度開放，有的對研究者也完全封閉；還有為開發教育、旅遊事業而開設的國家公園。另外，還有一些自然保護區是為特殊課題而專門設立的，比如專門保護某種特定的或明確界定的物種；也有一些特殊的自然保護區是專為漁獵而設立的。

圖 604 人們在中非用高
倍相機觀察動物。

五大洲都有自然保護區，但非洲的自然保護區最引人注目
——在那裡，數不盡的各種類型的大型動物為動物學家提供了最
佳的實地考察機會。

在非洲用相機捕捉動物（圖604）會帶給人無窮的樂趣。
但保護野生動物遠比滿足少量白人的審美欲望和他們對野外開
闊空間的嚮往要重要得多。這個問題在非洲政治獨立時顯得尤
為突出。裘立安·赫胥黎記錄了幾位非洲人士的講話：「你們
白人把自己身邊的狼和熊都殺光了，為什麼要求我們非洲人替你
們保護獅子和大象？」赫胥黎隨後解釋道：「此種爭論經常伴隨
著某種自相矛盾又相當模糊的觀念，就是說，新非洲應當不惜一
切代價實現現代化，但是野生動物卻不會生存在現代化的高樓大
廈裡，相反的，恰是在某些帶有明顯的原始風情的地方。」

白人花了很長時間才意識到保護野生動物的意義，但願非
洲人不必經歷如此之長的慘痛教訓。大型動物一定要被保護起
來，這不僅是從審美角度考慮，也應當出自人類的善良本性。
同時，這種措施也可以有效緩解非洲因旱災而導致的饑荒。難
道我們沒有注意到這樣的事實嗎？——南非農民在經年捕殺非
洲羚羊（圖605）後，又開始飼養起這可憐的動物。當然，在
一些偏遠地區羚羊仍是狩獵的對象，無論獵手是持槍還是拿照
相機。北羅得西亞地區土地貧瘠，無法集中耕作或飼養畜群；
但就在這個地區，那些大型動物成為當地饑民的饕餮之物——

圖 605 非洲羚羊在奔跑。

圖606—609 塗有迷彩色
的定點觀察飛機在對塞林格
蒂國家公園做動物普查。
圖610 非洲灌木叢裡,
攝影者持相機悄悄跟在大猩
猩後面,卻很難拍到一張好
的照片。

在非洲其他地方,這些動物也難
逃厄運。

　　但是,設立自然保護區,
將這些大型動物放歸原始狀態生
存,也遇到了新的威脅——無情
的偷獵。不同國度、不同種族的
動物專家必須堅持不懈地完成自
己的每一項使命。非洲需要更多
像法蘭克福動物園園長格茨梅克
博士那樣的人,獻身動物保護事
業——格茨梅克博士對塞林格蒂
國家公園(圖606－609)進行
一項空中觀察,在一次飛行事故
中失去了兒子。當人們看到一隻
大猩猩在濃密的草叢裡散步時
(圖610),不要把這視為一種
未開發的原始景象,而應看做是
一種屬於動物的真實的自由。

1948 年對外開放的肯尼亞查沃國家公園，占地約 500 萬英畝，其中設有一處世上獨一無二的自然觀察點。這就是穆丹達岩石，1920 年被發現，位於當地一處汲水處的西側。人們可以在這裡不被打擾地觀察各種動物前來飲水——有長頸鹿、獅子、羚羊、河馬、犀牛、斑馬、水牛等。在這兒上百隻大象前來飲水的情景，會令眼見者終生難忘，那一刻彷彿千百年的歷史頓然消失，人們恍若置身史前。不妨這樣說，人們最後將看到世界各地的動物匯集於此（圖 611－619），跨越歷史的塵埃，如同回到久違的遠古時代——那時，人類尚還稀少，一切生命正處在萌芽狀態。

在痛失愛子後，格茨梅克博士寫下了肺腑之言：「人類樂意為那些虛空的愛國情操或是什麼政治理想受苦犧牲。相對於這些過眼煙雲般的東西，大自然對人類具有亙古不變的偉大價值。從現在起一百年後，人們或許將會高興地看到牛角羚在草原上漫步，豹子在夜晚低吟。」法國博物學家布封在觀察動物後感慨道：「假如沒有來自動物世界的教訓，人類大概會比以前更不可理喻。」1959年，贊比亞河上建起喀里巴水壩，影響到該地區野生動物的生存。歐洲人和非洲人聯合發起了「諾亞方舟」行動，拯救

圖 611 非洲犀牛在動物保護區內搖晃著碩大的犄角。

圖 612 斑馬生活在東非地區，從阿比西尼亞到肯尼亞、烏干達和曾屬比利時的剛果、安哥拉。

圖 613 蘇聯普里奧克斯克—泰拉斯尼公園。

了當地上千隻受到生存威脅的動物。其實，我們生活的每一個地區都時刻需要「諾亞方舟」來拯救各種野生生物。人類開發資源不需要或者說本不應該以野生生物的毀滅為代價。儘管人類剛剛認識到這一點，但這總比絲毫沒有清醒要好得多。假使長此以往，破壞了自然界的生態平衡，人類文明也不可能有發

展的可能。

　　在皇家內羅畢國家公園的入口處鐫刻著英王喬治六世的名言：「今天生活在我們身邊的動物並不為我們所有，我們沒有資格隨意消滅牠們，我們對此要有信心，我們必須為後人著想。」

圖614　一群藍色牛角羚在坦噶尼喀塞林格蒂公園。

圖615　火烈鳥在湖面翱翔。

圖616　最早的野生動物保護區：諾亞方舟（17世紀荷蘭木刻）

圖617　河馬在泥裡洗浴。

圖618　生活在加拿大阿爾伯特王子公園的狗熊

圖619　生活在瑞士瓦雷斯的野山羊群

人與獸：一部視覺的歷史／加科·布德著；李揚，
王珏純，劉爽譯. —第一版. -- 臺北市
　　面；　　公分
譯自：Man & beast : a visual history
ISBN　957-8290-63-2（平裝）

1. 動物學

380　　　　　　　　　　　　　　91010558

人與獸
MAN & BEAST
一部視覺的歷史
A Visual History

作　　　　者：加科·布德（法國）
譯　　　　者：李揚／王珏純／劉爽
創　辦　人：姚宜瑛
發　行　人：吳錫清
主　　　編：陳玟玟
封 面 設 計：利全
出　版　者：大地出版社
地　　　址：台北市內湖區 2 段 103 巷 104 號 1 樓
劃 撥 帳 號：0019252-9（大地出版社）
電　　　話：（02）2627-7749
傳　　　眞：（02）2627-0895
網　　　址：vastplai@ms45.hinet.net
印　　　刷：久裕印刷事業有限公司
一 版 一 刷：2002 年 07 月
定　　　價：450 元

本書由山東畫報出版社授權出版